本书详细讲解了常用农业机械的使用、维护和常见故障的排除方法。
文字浅显，通俗易懂，针对性强，可操作性强，
是农民读者特别是农机具拥有者的必备图书。

CHANGYONG NONGYE JIXIE SHIYONG
YU WEIXIU ZHINAN

常用农业机械使用与维修指南

一本简单、全面、实用的技能宝典

姚金芝 编著

一看就懂　一学就会
全面解读与技术指导

U0207394

河北科学技术出版社

图书在版编目(CIP)数据

常用农业机械使用与维修指南 / 姚金芝编著. -- 石
家庄：河北科学技术出版社，2013.12(2023.1重印)
ISBN 978-7-5375-6577-6

Ⅰ.①常… Ⅱ.①姚… Ⅲ.①农业机械-使用方法-
指南②农业机械-机械维修-指南 Ⅳ.①S220.7-62

中国版本图书馆 CIP 数据核字(2013)第 269235 号

常用农业机械使用与维修指南

姚金芝　编著

出版发行	河北科学技术出版社	
地　　址	石家庄市友谊北大街 330 号(邮编:050061)	
印　　刷	三河市南阳印刷有限公司	
开　　本	910×1280　1/32	
印　　张	7	
字　　数	140 千	
版　　次	2014 年 2 月第 1 版 2023 年 1 月第 2 次印刷	
定　　价	25.80 元	

Preface　　👉 序

推进社会主义新农村建设，是统筹城乡发展、构建和谐社会的重要部署，是加强农业生产、繁荣农村经济、富裕农民的重大举措。

那么，如何推进社会主义新农村建设？科技兴农是关键。现阶段，随着市场经济的发展和党的各项惠农政策的实施，广大农民的科技意识进一步增强，农民学科技、用科技的积极性空前高涨，科技致富已经成为我国农村发展的一种必然趋势。

当前科技发展日新月异，各项技术发展均取得了一定成绩，但因为技术复杂，又缺少管理人才和资金的投入等因素，致使许多农民朋友未能很好地掌握利用各种资源和技术，针对这种现状，多名专家精心编写了这套系列图书，为农民朋友们提供科学、先进、全面、实用、简易的致富新技术，让他们一看就懂，一学就会。

本系列图书内容丰富、技术先进，着重介绍了种植、养殖、职业技能中的主要管理环节、关键性技术和经验方法。本系列图书贴近农业生产、贴近农村生活、贴近农民需要，全面、系统、分类阐述农业先进实用技术，是广大农民朋友脱贫致富的好帮手！

**中国农业大学教授、农业规划科学研究所所长　**　张天柱
设施农业研究中心主任

2013年11月

Foreword ☞ 前言

农业是国民经济的基础，是国家稳定的基石。党中央和国务院一贯重视农业的发展，把农业放在经济工作的首位。而发展农业生产，繁荣农村经济，必须依靠科技进步。为此，我们编写了这套系列图书，帮助农民发家致富，为科技兴农再做贡献。

本系列图书涵盖了种植业、养殖业、加工和服务业，门类齐全，技术方法先进，专业知识权威，既有种植、养殖新技术，又有致富新门路、职业技能训练等方方面面，科学性与实用性相结合，可操作性强，图文并茂，让农民朋友们轻轻松松地奔向致富路；同时培养造就有文化、懂技术、会经营的新型农民，增加农民收入，提升农民综合素质，推进社会主义新农村建设。

本系列图书的出版得到了中国农业产业经济发展协会高级顾问祁荣祥将军，中国农业大学教授、农业规划科学研究所所长、设施农业研究中心主任张天柱，中国农业大学动物科技学院教授、国家资深畜牧专家曹兵海，农业部课题专家组首席专家、内蒙古农业大学科技产业处处长张海明，山东农业大学林学院院长牟志美，中国农业大学副教授、团中央青农部农业专家张浩等有关领导、专家的热忱帮助，在此谨表谢意！

在本系列图书编写过程中，我们参考和引用了一些专家的文献资料，由于种种原因，未能与原作者取得联系，在此谨致深深的歉意。敬请原作者见到本书后及时与我们联系（联系邮箱：tengfeiwenhua@sina.com），以便我们按国家有关规定支付稿酬并赠送样书。

由于我们水平所限，书中难免有不妥或错误之处，敬请读者朋友们指正！

编　者

CONTENTS
≫ 目 录

第一章 农业机械的种类与选用

第二章 拖拉机的使用规范与故障维修

第三章 农用柴油机的使用规范与故障维修

第四章 农用运输车的使用规范与故障维修

第五章 田间作业机具的使用规范与故障维修

第六章 谷物收割机械的使用规范与故障维修

第一章

农业机械的种类与选用

第一节 农业机械的分类

常用的农业机械包括农用运输车、拖拉机、内燃机（包括柴油机、汽油机等）、电动机、水轮机和风力机等。

一、柴油机

根据不同的特征，可以给种类繁多的柴油机进行分类。

（1）根据冷却方式可以将柴油机分为水冷（以水为冷却介质冷却气缸、气缸套等零件）和风冷（以空气为冷却介质）两类。

（2）根据气体压力作用方式可将其分为双作用式、单作用式和对置活塞式柴油机等。

（3）根据进气方式可将其分为增压和非增压（自然吸气）两类。

（4）根据气缸数目可将其分为多缸柴油机和单缸柴油机。

（5）根据燃烧室可将其分为直接喷射式、涡流室式和预燃室式柴油机。

（6）根据工作循环可分为二冲程柴油机和四冲程柴油机（农用柴油机多为四冲程）。

（7）根据转速可分为高速柴油机（曲轴转速大于 1000 转/分或活塞平均速度大于 9 米/秒）、中速柴油机（曲轴转速为 350～1000

转/分或活塞平均速度为6~9米/秒）和低速柴油机（曲轴转速小于350转/分或活塞平均速度不高于6米/秒）三类。

（8）根据活塞运动的方向可将其分为立式柴油机和卧式柴油机。

二、汽油机

汽油机是以汽油为燃料的一种火花点火式内燃发动机。按照不同的特征，将汽油机分成如下几类。

（1）根据供油系统的不同，可把汽油机分为化油器式和汽油喷射式两类。汽油喷射式又可分为单点喷射和多点喷射两种。

（2）根据配气系统的不同，可将其分为二冲程汽油机和四冲程汽油机两类。二冲程汽油机可提供的动力比较小，比柴油机的成本低。四冲程汽油机又可以分为顶置气门侧置凸轮轴式、顶置凸轮轴式和侧置气门式三种，性能最好的是顶置凸轮轴汽油机。

（3）根据混合气形成的方法，可以把汽油机分为均匀混合气式、火焰点火式和分层充气式三类。

汽油机价格便宜、体积小、重量轻；启动性能好，最大功率时的转速高；在工作中只有很小的振动声噪声。汽油机会受到爆燃的限制，压缩比比较低，热效率和经济性都没有柴油机好。

三、拖拉机

拖拉机在农业生产活动中具有很重要的地位，它通过与各种不同类型的机具配套，进行不同的作业，如：与不同农具配套，可实现耕耙、播种、喷药、施肥、排灌、收获等田间作业；与林业专用机具配套，可以进行植树、造林和伐木作业；与农副加工机具配套，可以进行固定加工作业；与挂车配套则可以进行运输作业。

拖拉机可根据行走装置和结构形式分为履带式、轮式、船式（机耕船）和手扶式四种类型；根据发动机的功率大小可将其分为小型（15千瓦以下）、中型（15~74千瓦）和大型（74千瓦以上）。小型拖拉机是主要用于农作物田间作业的农业机械；大中型的农用拖拉机是专门以农作物田间作业和以农田作业为主的综合利用的动力机械。

四、农用运输车

农用运输车是为农业运输服务的低速车辆，其发展是以拖拉机为基础的，性能和结构在拖拉机和汽车之间。

按照 GB 18320 - 2001《农用运输车安全技术要求》的有关规定，动力装置为柴油机，中小吨位（额定载量在1吨以下，短期超载能力适当）、中低速度（三轮农用运输车限定的最高车速为50千米/时，四轮农用运输车限定的最高车速为70千米/时）、从事道路运输的车辆，都在农用运输车的范围之内，但不包括手扶拖拉机车组、手扶变型运输车和轮式拖拉机车组。

2004年颁布的 GB 7258-2004《机动车运行安全技术条件》规定：将农用运输车归于汽车范围内加以管理。其中，将"三轮农用运输车"改名为"三轮汽车"，将"四轮农用运输车"改名为"低速货车"。但是为了农民朋友理解方便，本书仍将使用以前的"农用运输车"或"农用车"的名称。

第二节 农业机械的选用原则

一、安全性原则

农业机械的安全性主要包括人身安全性和作业安全性。人身安全性是指对人体安全构成威胁的不足之处，比如，是否有必要的安全防护措施，环境噪声、安全警示标志等是否合格、齐全等。作业安全性是指机械具有维持正常生产的属性，比如，工作中不能有过热的现象，要有对有害物质的泄漏、对作业对象损坏情况的防止措施等。

二、通用性原则

通用性主要包括以下几个方面。

（一）产品的标准化程度

标准化包括机械的动力参数、结构参数和零部件等方面的标准化程度。具有较好通用性、较高标准化程度的机械，零部件易购买，

5

维修方便，维修成本相对比较低，经济效益会得到提高。

（二）产品生产企业的信誉

购买产品时应尽可能地购买实力强、信誉高、售后服务好的企业的产品。

（三）产品的市场占有率

具有较长的市场生命周期、广大消费者愿意接受、产品专业化和规模化程度高的产品，是市场上占有率高的产品，这类产品具有多的终端零售商，信誉好、折扣多、服务好，产品价格低廉、配件齐全，具有众多的维修服务网点。

三、适用性原则

（一）适用条件

不同型号的柴油机、拖拉机和农用运输车等农业机械，具有不同的适用条件，包括使用与耕作制度、地域条件、气候条件、道路条件、作业对象和环境条件等。应选取符合自己的使用要求、适合当地使用条件并且能保证完成所需的作业内容的机型。

（二）作业性能

动力机械的作业性能应当满足当地的农艺要求。不同地区的耕作制度有所不同，对动力机械和农机具的要求也有所不同。另外，为了保证作业质量，在选购动力机械时，一般要使动力机械的性能指标比作业对象所要求的性能指标略高一点。

（三） 能源消耗和人力占用量

能源消耗是指在作业过程中所消耗的燃油、电力等；人力占用量是指需要多少劳动力以及什么样的劳动强度来完成作业内容。能源消耗最好是完成相同的作业有最低的消耗，应根据自身的条件来考虑人力的占用量。

（四） 配套机具

动力机械的选购，要考虑到和原有农机具及后购农机具的兼容和配套，比如能否保证动力机械和农机具挂接装置的有效连接，动力机械的动力输出和作业速度能否满足要求等。在选购动力机械时，要充分考虑以下几个方面。

（1）生产能力要基本一致或者相容（成倍数关系），防止不必要的浪费。

（2）在作业程序上尽可能不要交叉，要互不干扰。

（3）要进行恰当的连接，方便装卸。

（4）配套动力要留有一定的余地，动力输出的部位与农具要配合好，要有适当的功率。

四、经济性原则

在购买动力机械时要充分考虑其经济性。其经济性主要有三个方面：直接效益、潜在能力和补贴与折扣。

购机时要考虑实际生产规模与经济条件，防止片面追求多功能和自动化程度，因为自动化程度的高低和功能的多少往往与机械价格和结构的复杂程度有密切关系。功能越多的机械，其结构越复杂，价格也就越高，而且在使用中发生故障的概率大，作业成本也就越高。

机械进一步扩大再生产的能力便是机械的潜在能力。在达到生产规模要求的基础上要再留一定的余地，便于把再生产规模进一步扩大。

补贴与折扣是指在购买柴油机、拖拉机和农用运输车等时享受到的国家补贴和地方补贴或者享受生产厂家和经销单位的价格折扣。例如，在购买列入国家购机补贴范围内的拖拉机时，便可以享受一定额度的国家补贴，甚至还有地方补贴。

第二章

拖拉机的使用规范与故障维修

第一节 拖拉机的选购和使用规范

一、拖拉机的选购

(一) 选购原则

1. 拖拉机的性能 拖拉机的性能主要包括使用性能、动力性能及经济性能，应考虑选择购买各方面性能都优良的机型。拖拉机的柴油机功率足、加速能力好、牵引能力强，具有克服超负荷的高水平，这些可以反映出拖拉机的动力性能好。燃油消耗少、维修费用低，经济合算，反映了拖拉机的经济性能好。使用性能好的表现为：拖拉机操作灵活，方便可靠，安全舒适，在使用时很少出现故障，零部件耐用，使用周期长，各种类型的作业都能适合。拖拉机是否适应当地的地形地貌、气候和作业规模体现了拖拉机的适应性能，要有较高的综合利用程度，可以与多种机械进行配套作业。

2. 价格因素 购买拖拉机要到有信誉的公司去，不要贪图便宜，对于经销商对产品的宣传不要偏听偏信，而要综合考虑产品质量、产品价格、三包服务等方面的因素。需要注意的是，应该在同一品牌、同一规格的产品间进行价格比较，如果柴油机品牌不同，即使是同一规格，价格也不一样，不同的生产企业，价格没有可比性，要注意鉴别，避免经销商在低价的幌子下对假冒伪劣产品进行推销。

在功率、性能相同的条件下，选购时要进行价格因素的考虑，尽可能地购买物美价廉的机型。

3. 考虑选择大型企业的产品或名牌产品　我国的大、中型拖拉机生产企业很少，而有很多小型拖拉机的生产企业，手扶拖拉机的生产集中在江苏省，小四轮拖拉机的生产集中在山东省。拖拉机行业的"中国驰名商标"有中国一拖集团公司的"东方红"牌、东风农机集团公司的"东风"牌，这些在拖拉机上都有明显的标志，可考虑优先选择购买。

（二）新车检查

1. 外观检查　首先，主要检查拖拉机外表喷漆的质量，紧固件装配质量，镀件、铸件、焊接件制造的质量等。如果拖拉机的喷漆质量好，把尘土擦干净后会发亮；柴油机变速箱、气缸体、缸盖等铸件的表面应该是平整光滑的；焊接件应该是牢固可靠的，零件不会缺少损失、不会被碰伤变形；连接件齐全、牢固。其次，要对电器和仪表装置进行检查。因为电器和仪表不在三包范围之内，而且灯光和仪表能保证拖拉机安全行驶和有效作业，所以必须要仔细检查。前后大灯、转向灯、刹车灯、润滑油表、电器仪表、里程表等应该是完整没有破损的，而且安装得要牢固可靠，线路不会有断路、短路现象，开关准确灵敏、安全有效。

2. 启动检查　在启动前，应该按规定加足润滑油、燃油、冷却水，把一系列准备工作做好；在柴油机的减压状态下用摇把摇动儿圈，轻松、灵活地进行摇动，使柴油机润滑油压力表有微小的摆动；喷油器向燃烧室内喷油的清脆声响在加大油门时应该能听得见。减压杆在摇动曲轴加速后放下，重复 1~3 次，柴油机应该能着火；电启动柴油机，把电启动开关按下，按下时间不超过 5 秒，启动 1~3 次应能着火。

在上述检查过程中，如果摇动柴油机，润滑油压力表没有任何显示，喷油器没有喷油，可以在排除油路中的空气后再检查一次。若仍然没有显示、不喷油、很难启动，这说明该拖拉机的质量比较差。

3. 柴油机在运转时的检查　柴油机无负荷运转时，在正常情况下，每个油门位置的排气声都均匀，没有明显烟色，声音都正常，在进行脚油门或手油门操作时转速稳定，运转自如，润滑油压力表正常显示，各个仪表读数正常。电气系统发电、充电和灯光都正常。拖拉机上装有电流表指示充电情况的，柴油机油门的位置在中等以上时，电流表应有"+"的指示。机身应没有共振的现象，变换油门时，机身不会有明显加剧的震动。

4. 行车检查　主要是对离合器、制动装置、变速箱、转向机构以及挂接、提升装置的工作情况进行检查。

在柴油机运行正常的情况下，把离合器踏板踩下，变速杆能够顺利移动，离合器踏板在挂上所需挡位后慢慢抬起，拖拉机能够缓慢地起步，到加速行驶时，也没有异常声响。拖拉机能在行驶中顺利换挡，能灵活、轻快地操纵方向盘，倒退、转向、停车等能根据需要顺利地进行。

检查制动装置的工作情况采用拖痕法进行，就是在拖拉机高速行驶时进行突然刹车，对轮胎在柏油路面上留下的印痕进行观察，拖拉机两边的轮胎印痕长度应该是相等的，如果没有印痕或者印痕不均匀，这说明制动装置没有处于正常的工作状态，应该对其进行调整。检查印痕时，应该特别注意安全，注意场地是否允许。在坡上停车后，把制动踏板锁住应该能可靠地制动，挂车与拖拉机应该同步制动或者挂车制动比拖拉机制动要早。

拖拉机的提升挂接装置一般会采用液压驱动，液压系统的力调节手柄与位调节手柄应不互相干扰，应按照说明书上的技术要求进行重量、高度的提升，提升时间一般在3秒之内，抖动、憋车现象在提升时不应出现。在提升后把动力切断，静沉降值在30分钟内保持在15毫米之内。在进行升降手柄操纵时，应升降自如。

5. 售后服务检查 根据国家对产品"三包"的规定，用户应当对以下规定特别注意。

（1）购买拖拉机时，销售单位应向购机者当面交验，按装箱单核对随车工具、附件和备件。让购机者检查产品的外观质量并试车，同时介绍产品使用、维护、保养常识。

（2）任何单位不准销售不符合法定标志的产品及假冒伪劣产品。

（3）向购机者介绍"三包"方式、维修地址和联系方式。

（4）依据《农业机械产品修理、更换、退货责任规定》，农机产品的"三包"有效期包括整机"三包"有效期和主要部件"三包"有效期两种。拖拉机的整机"三包"有效期一般为1年；主要部件的"三包"有效期一般为2年。

（5）销售单位应主动向购机者提供由财政税务部门印制的发票。

（6）维修者应当承担"三包"有效期内的免费修理和有关收费修理业务。

二、拖拉机的操作要点

（一）拖拉机的磨合

1. 磨合

（1）磨合前的准备工作。

①清除拖拉机外部的尘垢、污泥及防锈油，并仔细检查整机是否完整。

②检查各主要部位紧固情况，如车轮、转向系统、制动系统等连接部位。

③检查轮胎气压是否合适。

④检查传动带松紧度是否合适。

⑤对各润滑点进行仔细润滑。

⑥加足冷却水。

⑦根据季节要求选用恰当牌号的柴油，并加足。

⑧空摇发动机，检查发动机各部分运转是否灵活，润滑系是否正常工作，有无异常响声、卡滞等现象。

（2）发动机空转磨合。

①用摇把转动曲轴数圈，观察是否有相互碰撞或卡滞现象。

②按规定程序启动柴油机，使其低速运转，注意观察仪表的工作情况；仔细倾听柴油机有无异常响声；注意排气颜色及振动情况。

③在润滑油压力稳定、水温上升，确定工作正常后，逐步提高柴油机转速到额定转速，并观察润滑油压力表、电流表等仪表的指针随柴油机转速提高而变化的情况。

④发动机先空转磨合 15 分钟，接着怠速运转 5 分钟，然后提高

转速到中油门运转 5 分钟，最后大油门运转 5 分钟。

（3）液压悬挂机构的磨合。此项磨合应在发动机标定转速下进行。液压油箱的油温应在 35~55℃进行，扳动分配器手柄重复升降 20 次左右，要求连接农机具的悬挂机构应平稳地升降。提升结束时分配器手柄应能自动回到"中立"位置。

在磨合过程中检查油管接头的各连接处有无漏油现象，根据油管有无泡沫确认有无空气被吸入，发现故障及时排除。

（4）拖拉机空驶磨合。从 I 挡到 V 挡依次磨合 1 小时，倒挡空驶 0.5 小时，空驶时允许在低挡情况下，进行几次单边制动急转弯，其他各挡只允许向左右平缓地转弯。

在空驶磨合过程中，要注意拖拉机各部分的运转情况和仪表读数，检查离合器、转向离合器、制动器的调整是否正确。

（5）拖拉机负荷磨合。要通过有计划的变速，检查发动机的调速性能，发动机油和水的温度、油耗、排气颜色、气味等。检查离合器是否打滑，制动器性能及摘挡后的滑行距离。在磨合过程中，要经常检查润滑油，如果发现润滑油中金属屑过多，应认真检查，必要时进行清洗并更换润滑油。

拖拉机所加负荷分为 3~4 级，一般为最大牵引力的 1/3、1/2 和 3/4，实际操作中采用相应的作业项目来满足。负荷加载应由小到大逐渐进行，在同一负荷下，应由低挡到高挡进行，不允许超负荷磨合。在负荷磨合过程中，要注意倾听和观察发动机及底盘各部分的运转情况。

负荷磨合期间，要按使用说明书的规定进行保养。保养的内容除说明书规定的项目，还要根据磨合情况、制造和大修质量，决定是否进行更多的保养项目。

2. 磨合期间的注意事项

（1）看说明。使用前详细阅读说明书，对拖拉机的结构原理、性能指标等有一定的了解，熟记使用方法和注意事项，以免造成机器人为损坏，如冬天忘记放水易使缸盖冻裂，润滑油不足会造成抱瓦或打齿等现象。

（2）限车速。拖拉机的行驶速度不能太高，严格执行驾驶操作规程，一是要避免油门全开，二是要保持发动机的正常工作温度。切不可在此时演练车技，狂奔猛跑。车速应控制在规定范围以内，新车及大修后的车都装有限速器，不得随意拆除。

（3）少载物。新车不宜满载和超载，承载率应低于90%，并选择平坦道路行驶。

（4）慢启动、缓停车。

①起步先预热，制动分离合。尽量避免紧急制动，否则不仅会使磨合中的制动系统受到损伤，而且会加大底盘对发动机的冲击。

②需要注意的是，"先离后刹"是在磨合期间的做法，并且是在非常状况（如紧急刹车）时采取的保护发动机的措施，不能长期使用。当车辆度过了"保育"期，就应该"先刹后离"，有不少新手在学车时，因害怕熄火，一直脚踏离合，要减速就先踩下离合，即使是挂了高挡或低挡行驶，也为了换挡方便，离合不离脚。这样刹车、换挡，对新手来说可能会开得平稳些，却损伤了离合器。

③还有人习惯在停车时，挂 I 挡踩离合等候，或是摘了空挡还踩着离合器，认为这样可以使起步动作简化。但是，这种习惯会使左腿始终都处在用力状态，无法放松，易使驾驶者疲劳，更严重的是会造成离合器长时间处于磨损状态。

（5）勤换挡。磨合中的车辆在行驶时应循序渐进，以最低挡起步，逐步加高挡位，切不可使用高挡位低速行驶，或低挡位高速行驶。并且不要长时间使用一个挡位行车。行进中要注意发动机、变速器、驱动桥的工作状况及温度变化，掌握车况。

3. 磨合后的检查和保养

（1）清洗。

①趁热放出变速箱、后桥、最终转动的齿轮油，然后加入适量柴油，用Ⅰ挡和倒挡各直线行驶1~10分钟，停车放出清洗油，再按标准加入新油。

②趁热放出油底壳内的润滑油，清洗粗、细滤清器，卸下油底壳、机油泵、集油器，并进行清洗，装复后加入新润滑油。

③趁热放出引导轮、支重轮和托链轮内的润滑油，换加新油。

④放出喷油泵、调速器、启动机减速器、空气滤清器的润滑油，换加新油。

⑤放出冷却水，用清洁的软水加入冷却系统。

（2）检查调整。

①检查并拧紧连接部分的螺母和螺钉，特别是气缸盖、发动机前后支点、变速箱与后桥前后支点、万向节、支重台车等连接部分的紧固。

②检查调整气门间隙、主离合器、小制动器、转向拉杆行程、制动器踏板行程、风扇皮带及履带的张紧度、喷油器的工作状态。

（3）润滑。

①按说明书对相关部件进行润滑。

②依次向变速箱、后桥、最终减速齿轮加润滑油到规定油位。

③向柴油机油底壳、喷油泵加润滑油至规定油位。

（二）拖拉机的启动

1. 出车前的检查与准备

（1）检查柴油、机油、冷却水、制动液是否充足，不足时及时添加，并检查有无渗漏现象。

（2）检查轮胎气压是否足够，不足时应及时充气，并检查左右轮胎气压是否一致，否则应及时调整。

（3）发动机启动后，在不同转速下检查发动机和仪表的工作是否正常。

（4）检查灯光、喇叭、刮水器、指示灯是否正常。

（5）检查转向器是否灵活，离合器、制动器是否正常。

（6）检查各连接件有无松动现象。

（7）检查蓄电池接线柱清洁及接线情况，通气孔是否通畅。

（8）检查随车工具、附件是否齐全。

（9）检查装载是否合理、安全可靠。

2. 拖拉机启动前的准备

（1）启动前必须完成规定的技术保养，加足清洁的燃油和冷却水。

（2）检查油底壳油面，拧紧各部件螺栓和螺母。

（3）将变速手柄、动力输出轴操纵手柄放于空挡位置。

（4）在减压情况下摇转曲轴数圈，使润滑油提前润滑各部件，避免启动时由于半干摩擦造成零件的异常磨损。

3. 拖拉机的启动操作

（1）手摇启动。

①保养后，检查变速杆是否放于空挡位置。

②打开柴油箱开关，排出燃油系统低压油管中的空气（拧松喷油泵油管接头上的放气螺钉，等到流出的柴油不含气泡时，再将放气螺钉拧紧即可），将油门扳到中间偏大的位置。

③右手紧握摇把，左手减压，两手相互配合。当转速达到启动转速时，左手迅速拉下减压手柄，右手继续摇动曲轴，柴油机即可着火，然后抽出摇把。启动时，不能过早放下减压手柄，否则不但不能启动柴油机，摇把还会反弹出去伤人。握摇把时，不但要五指并拢，而且还要使摇把向里靠拢，防止摇把滑出伤人。

④启动后，检查润滑油压力表或指示器是否正常。

⑤柴油机低速运转3~5分钟（冬季可适当延长）后，逐步提高转速，进一步预热后可起步行驶。

⑥冬季启动困难时，可卸下气缸盖上的引火螺栓，用明火点燃以利于启动。

（2）电动机启动。

①气温高于10℃时的启动。如果气温高于10℃，可采用直接启动法：将变速杆放于空挡位置，离合器踏板踩到底；将熄火拉杆推到底，拉大油门；将钥匙插入电锁，顺时针转动，接通电路；左手转动减压手柄，将脚油门踩到中间位置。

将启动开关顺时针转动到启动装置，当柴油机转速提高后，左手将减压手柄转到工作位置，待柴油机启动后，右手迅速将启动开关转回到"0"位置。若第一次启动失败，则停歇2分钟后再启动。每次启动时间不超过10秒，连续3次不能启动应查找原因，排除故障后再启动。

启动后低速预热，并检查仪表工作情况，倾听柴油机有无异响，等水温达到60℃以上方可行驶或作业。

②气温低于10℃时的启动。气温低于10℃时，拖拉机应采用预热启动法：当插入钥匙接通电路后，右手将启动开关逆时针转动到预热位置，预热15~20秒（不得超过30秒），迅速将开关转到启动位置，电动机带动柴油机曲轴旋转，当柴油机转速正常后，左手将减压手柄转到工作位置，柴油机即可启动，右手迅速将启动开关转到"O"位置。

4. 不正确的启动方式

（1）车拉启动。车拉启动是指使用已经启动的汽车或拖拉机等机动车辆为动力，拉动需要启动的拖拉机进行启动。车拉启动有以下缺点。

①被启动的拖拉机挂高挡，一旦启动必然会高速向前冲，容易与前车相撞。

②若较长时间不能启动，使大量柴油进入气缸，冲刷气缸壁与活塞之间的油膜，加剧气缸套与活塞和活塞环的磨损。同时，柴油漏入油底壳，稀释润滑油，破坏其润滑性能。

③启动过程中，多次猛烈地接合离合器，容易导致离合器等零件的严重磨损。

④离合器接合后若没有启动柴油机，拖拉机的驱动轮产生滑移，加剧轮胎的磨损。

（2）溜坡启动。溜坡启动是将拖拉机停放在坡道上，先挂高挡，分离离合器并松开制动器，依靠拖拉机的重力使其沿坡道溜下，当拖拉机达到一定转速后再接合离合器，同时供油使柴油机启动。溜坡启动也有明显的缺点。

①溜坡启动需要将拖拉机停靠在坡道上，容易引发事故。

②溜坡启动时由于离合器接合过猛，容易使离合器等传动部件承受过大的冲击而损坏。

③柴油机启动后需要急刹车，对行走机构等零部件，特别是轮胎的磨损较大。

④启动后拖拉机速度较高，不易控制，容易发生事故。

（3）无水启动。无水启动是指不加冷却水启动。无水启动后，温度迅速上升，突然添加冷却水，极易使机体、缸盖等破裂。

（4）明火启动。明火启动是指在冬季时，用明火加热油箱、油底壳等，提高燃油及润滑油的温度以利于启动。明火加热油底壳，容易使润滑油变质，影响润滑效果。明火烧烤油箱，不仅会破坏机体表面的漆层，甚至会烧坏油箱、油管等，严重时会引起火灾或油箱爆炸。

（5）加油启动。加油启动是指从进气管加入少量润滑油，以提高气缸套和活塞的密封性能。但是，加油启动易使活塞环胶结，失去弹性或卡死在活塞环环槽中，反而降低了气缸的密封性。

目前，有一种自燃点较低的启动燃料，它由70%的乙醚加27%的200号溶剂油（或航空煤油）和3%的润滑油混合而成，其自燃温度约为191℃。启动时用针管吸取10毫升左右的启动燃料注入进气管，再正常启动。但是它易于蒸发和引起火灾，所以要特别注意安全。要严加密封，低温保存，每次注入量不能过多，严禁将启动燃料加入油箱中，以防止着火和气阻。

（6）吸火启动。吸火启动是指将空气过滤器摘掉，使柴油机吸入带火的空气。吸火启动时，未经过滤的空气及燃烧的灰烬被吸入气缸，不仅会加速气缸套、活塞、活塞环、气门及气门座等零件的磨损，而且易使燃烧室积炭。

（三）拖拉机的起步

1. **启动前**　拖拉机启动前，应检查挂接的农机具或挂车的连接情况，悬挂农机具应升起，查看周围是否有人、畜或其他障碍物等。

2. **启动后**　柴油机启动后，应以中速空转，预热发动，并检查传动情况和仪表，检查空气滤清器和进气管道的密封性，待水温上升到60℃时方可起步。

3. **起步时**　应挂低挡，鸣喇叭，如果挂不上挡位，应放松离合器踏板，然后重新挂挡。松开离合器踏板要先快后慢，并轻踏油门踏板，当传动部分稍有振动、柴油机声音略有变化时，缓慢放松离合器踏板，同时逐渐加大油门，使拖拉机平稳起步。起步后将离合器踏板完全松开，注意不能将脚放在踏板上。

4. **下坡启动时**　应在缓松制动器的同时缓松离合器，使拖拉机平稳起步而又不发生溜坡现象。田间作业起步时，拖拉机应在缓松离合器的同时加大油门，若使用双作用离合器，应先使作业机械运转正常后再行起步。正在耕地的拖拉机起步时，应先使农机具升起，同时使拖拉机缓慢倒退，待农机具离地后再挂挡前进，并降下农机具进行正常作业。

（四）拖拉机的换挡

1. **拖拉机的挂挡**　挂挡时应先将离合器踏板踩到底，使离合器完全分离，然后再扳动变速杆进行挂挡。如果离合器分离后挂挡仍然困难，一般情况是变速箱内的齿轮轮齿对顶了。此时应稍接合一下离合器，然后再分离离合器，重新挂挡。切不可强行挂挡，以免打齿。同时，应把变速杆推到底，使换挡齿轮进入全齿啮合状态，以免脱挡。

对于有两根变速杆操纵的拖拉机，应先操纵副变速杆，挂好副变速挡后，再扳动主变速杆以挂上所需挡位。

2. **选择行驶速度**　正确的行驶速度是提高生产率和经济性，延长拖拉机使用寿命的重要因素。工作速度选择的主要依据是拖拉机的载重量，应使拖拉机接近于满负荷的情况下工作，并留有适当的动力储备，一般应使柴油机在90%左右的负荷下工作。

另外，要考虑路面状况、作业要求等因素。在各种因素允许的情况下，尽可能提高工作速度，以提高生产率，减少油耗，获得较高的经济效益。

3. **拖拉机的换挡**

(1) 田间作业换挡。一般田间作业负荷大，行驶速度较慢，运动惯性较小，只要减小油门，踩下离合器踏板，拖拉机就会停车，因此换挡比较容易，不会发生打齿现象。

(2) 公路运输换挡。公路运输作业时可实行不停车换挡，但困难大，要求操作准确，配合协调。

①低速挡换到高速挡。低挡换高挡多用于车辆起步阶段。"两脚离合器"操作要领：稍加油门以提高车速；减小油门，踩下离合器踏板，同时迅速将变速杆移到空挡位置，随即放松离合器踏板；再次踩下离合器踏板，将变速杆换到高一级挡位后，放松离合器踏板，加大油门，使拖拉机继续行驶。

在操作熟练后，也可不必踩两次离合器踏板，只要在第一次踩下离合器踏板时，使变速器在空挡位置稍停一会儿，然后再挂入高速挡位即可。

②高速挡换到低速挡。由高挡换低挡的操作多用于拖拉机爬坡、转弯或遇到障碍物等情况。该操作难度大，且易产生打齿现象，只有在主动齿轮和被动齿轮的线速度相同时才能平稳地啮合。

高速挡换低速挡的操作要领：减小油门，降低车速；踩下离合器踏板，迅速将变速杆移到空挡位置，随即放松离合器踏板；迅速轰一下油门，提高发动机转速，再次踩下离合器踏板，将变速杆移到低一级挡位，放松离合器踏板。

换挡过程中，动作要迅速、敏捷、准确，使变速杆在踩离合器和油门的掌握上相互配合好，油门加大或减小的程度应根据车速选择，车速越快，油门的变动量越大。

(3) 换挡注意事项。田间作业换挡时，应使拖拉机停稳后再进行。

拖拉机负载上下坡时，应根据情况提前换低速挡，严禁上下坡途中变换挡位，以防换不上挡位而造成溜坡。

换挡时，两眼要注视前方道路，左手紧握方向盘，注意道路及行人车辆情况。

(五) 拖拉机转向

1. 轮式拖拉机的转向　轮式拖拉机的转向是通过转向机构控制前轮偏转，并在差速器的配合下实现的。

(1) 转向前应发出转向信号，减小油门以降低车速。然后转动方向盘，待拖拉机驶出弯道、车头接近新的行驶方向时，将方向盘回正。

(2) 左转弯时，方向盘向左转动；右转弯时，方向盘向右转动。转大弯时，方向盘转动角度要小，应慢转、少转、少回正；转小弯时，方向盘转动角度要大，应快转、多转、多回正。转动方向盘时，要以一只手为主，另一只手为辅；转动角度大时，可两手交替操作，但不要双手握着方向盘来回倒手。

(3) 在急转弯困难时，可把制动连锁机构松开，利于单边制动协助转向。即向右急转弯时，除了向右转动方向盘，还要踩下右制动踏板；向左急转弯时，除了向左转动方向盘，还要踩下左制动踏板。

（4）田间作业时，如果地头转弯半径小，可采用单边制动，即先转动方向盘，后踩下制动踏板。运输作业时不允许单边制动。

2. 手扶拖拉机的转向　手扶拖拉机的转向主要是通过操纵左右转向手柄和扳动扶手架来实现的。

（1）一般平地行驶或上坡时，握紧左转向手柄向左转，握紧右转向手柄向右转。

（2）直线高速行驶时，只做小范围调整，不要握紧转向手柄，只要推动扶手架即可。向右推动扶手架，拖拉机向左转；向左推动扶手架，拖拉机向右转。

（3）田间作业需急转弯时，若车速不高，可结合上述两种情况配合进行；在车速未降低之前，不可握紧转向手柄。

（4）当配带乘坐装置时，还可用偏转尾轮的方法帮助转向。当右脚向前踩下右脚踏板时，拖拉机向右转；反之，向左转。但不允许在高速行驶中利用握紧转向手柄和偏转尾轮的方法做急转弯，否则可能造成翻车事故。

3. 手扶拖拉机转向注意事项

（1）起步时尽量不转向。因为动力被切断的一侧驱动轮停止不动，动力未被切断的另一侧驱动轮绕静止的驱动轮加速转向，不易控制。牙嵌式转向器的良好啮合靠转向弹簧保证，若弹簧力较弱或转向把手被他人动过，停车时转向齿轮牙嵌齿易被中央减速齿轮轮毂牙嵌顶住，使该侧驱动力被切断，这种情况下起步，拖拉机会突然转向而发生事故。

（2）上坡时少用转向把手转向。上坡时如果用转向把手转向，动力被切断的一侧驱动轮在下坡分力作用下迅速由前进变为静止，而动力未被切断的一侧驱动轮仍在行驶，转弯速度高，极易使拖拉机跑偏而发生意外事故。

（3）下坡时尽量不用转向把手转向。下坡时应用推拉扶手架的方法转向，因为下陡坡时，切断动力的一侧（相当于空挡）比未切断动力的一侧驱动轮转得更快，这时转向就要反向操作把手，即向左转时要捏右转向操作把手。

（4）高速行驶时严禁使用转向把手转向。高速行驶中使用转向把手急转弯，容易造成翻车事故。正确的做法是，转大弯先减速，观察路面及行人状况，再操纵转向把手转向。若弯度不大，就没有必要操纵转向把手，用手推拉扶手架即可顺利转向。

（5）减油门时尽量避免转向。突然减小油门，发动机的动力变为阻力，机车惯性变为动力，这时操纵转向把手很可能出现反转向。由于这种情况不易判断，应尽量避免此时转向。

（6）在任何情况下不允许同时使用两个转向把手。因为这样做，极易松开一侧转向把手，造成高速急转或松开双侧转向把手造成溜坡。若在闹市区，易伤人，酿成车祸；在上下坡时会造成上坡倒溜和下坡加速行驶，也极不安全。

4. 履带式拖拉机的转向 履带拖拉机转向时，可扳动转向一侧的操纵杆转向。急转弯时，先将操纵杆拉到底，然后踩下该侧的制动器踏板，转向后先松踏板，再松操纵杆。

（六）拖拉机的制动

1. 预见性制动 预见性制动是驾驶员在行车途中，根据地形、环境等提前做出判断，有目的和有准备地减速或停车。

其方法是，减小油门，用发动机制动以降低拖拉机的惯性力，使车速减慢。必要时，同时用制动器间歇制动，待车速降低到一定程度后再分离离合器，用制动器制动停车。

2. 紧急制动

（1）手扶拖拉机的紧急制动。首先减小油门，同时将制动离合器手柄拉到"制动"位置。若带有挂车，应先踩下挂车制动踏板，紧接着拉制动离合器手柄，即先制动挂车再制动拖拉机，以免因挂车的惯性使拖拉机跑偏、急转弯或翻车。

（2）轮式拖拉机的紧急制动。首先迅速减小油门，两脚同时、迅速地将制动器踏板和离合器踏板踩到底，使拖拉机在尽可能短的距离内停车。

（七）拖拉机的倒车

1. 倒车要领　倒车时，如果使车尾向左转，则左转转向盘（或分离左操纵杆、踩下左制动器踏板）；如果使车尾向右转，则右转转向盘（或分离右操纵杆、踩下右制动器踏板）。之后根据选定目标及时回正。

2. 拖拉机带挂车倒车技巧　拖拉机与挂车之间是铰链连接，所以带挂车倒车相对困难。倒车时驾驶员操作离合器与制动器必须灵活配合，否则拖拉机驱动轮易碰撞挂车牵引架致使倒车失败，严重时还会引起翻车事故。驾驶员在带挂车倒车时应注意以下几个问题。

（1）应保证有足够的倒车空间。倒车之前先将拖拉机与挂车保持在一条直线上，然后用低挡小油门倒车，并随时做好制动准备，观察拖拉机前后方位。

（2）倒车转弯应比前进转弯时提前转动转向盘。转向时先将转向盘向与转弯方向相反的方向转动，当看到挂车的后端刚开始转向前进时，立即将转向盘回转，使车头与挂车转向一致。由于转向盘回转速度决定转弯半径的大小，所以转向盘回转的速度不能太慢，否则会与牵引架相碰。另外，转向盘的回转不要过量，应始终保持拖拉机的转弯半径大于挂车的转弯半径，否则挂车将改变方向。

（3）拖拉机在倒车转弯时若需改变方向，应使转向盘的转动方向与所要转变的方向一致，使正在按原方向转弯的车头的转弯半径

小于挂车的转弯半径，挂车即可改变方向。当挂车转向后将转向盘回正，使车头与挂车同向实现直线倒车。

3. 倒车注意事项

（1）倒车要用低挡、小油门控制车速。遇到凸起地段时，可适当加大油门，一旦越过凸起地段，马上降低油门，缓慢倒车。

（2）倒车起步时，要特别注意慢慢松开离合器踏板，倒车过程中必须前后照顾，密切注意有无行人和障碍物。

（3）拖拉机牵引农机具作业时，一般不允许倒车，以防损坏农机具。

（4）手扶拖拉机挂倒挡之前，必须先摘下旋耕挡。

（5）拖拉机倒车时的转向操作与其前进行驶时的操作相同。

（八）拖拉机的停车

1. 地点选择　停车时要选择合适地点，以保证安全、不影响交通和便于出车为原则。

2. 长时间停车　要先减小油门，降低拖拉机行驶速度，再踩下

离合器踏板，将变速杆放在空挡位置，也可轻踩制动器踏板以协助停车。车停稳后，应使发动机怠速运转，当发动机温度降到 60℃ 以下时再熄火。若拖拉机负荷较轻，工作时间较短，发动机温度不高，则停车后即可熄火。

3. 临时停车　一定要把变速杆放到空挡位置。不摘挡而只踩下离合器踏板的做法，不仅会损坏离合器，还可能造成危险。

4. 斜坡上停车　应将变速杆放到空挡位置，同时将制动器锁紧，以防溜坡。

 **第二节　拖拉机的日常维护和保养**

一、拖拉机的技术保养

在机器正常使用期间，经过一定的时间间隔采取的检查、清洗、添加、调整、紧固、润滑和修复等技术性措施的总和称为技术保养，这个时间间隔就称为保养周期。把保养周期、保养周期的计量单位以及保养内容用条例的形式固定下来就叫作保养规程。每一种型号的拖拉机都有自己的保养规程，由制造企业制定并写在使用说明书中。

目前，技术保养大概可分为每日保养（班次保养）、一级技术保养、二级技术保养、三级技术保养和换季保养。

（一）每日保养

1. 出车前检查项目

（1）检查柴油、机油、冷却水、制动液和液压油是否加足、有无渗漏。

（2）检查轮胎气压是否足够，两侧轮胎气压是否一致。

（3）检查发动机启动后，在不同转速下是否工作正常。

（4）检查各连接部分及紧固件有无松动现象。

（5）检查仪表、灯光、喇叭、雨刮器、指示灯、离合器、制动器、转向器等是否正常。

（6）蓄电池接线柱是否清洁、接线是否紧固以及通气孔是否畅通。

（7）检查随车工具和附件是否齐全。

2. 途中检查项目　行驶2小时左右，应对拖拉机进行检查。主要项目如下。

（1）观察各仪表、发动机和底盘各部件的工作状态。

（2）停车检查轮毂、制动鼓、变速箱和后桥的温度是否正常。

（3）检查传动轴、轮胎、钢板弹簧、转向装置和制动装置的状态及紧固情况。

（4）检查装载物的状况。

3. 停车后保养项目

（1）切断电源。

（2）清洁车辆。

（3）检查风扇传动带的松紧度，用大拇指按传动带中部，应能压下15~25毫米。

（4）在冬季要放掉冷却水。

（5）排除故障。每日保养关系到作业安全，是必须进行的项目，一定不能忽视。随着使用时间的增加，一些配合件会磨损，甚至会造成一定损坏。因此，只是依靠每日的保养内容显然是不够的，这就需要定期增加一些检查、清洗和紧固等项目，以确保拖拉机保持正常使用状态。

（二）一级技术保养

一级技术保养是拖拉机每行驶 2000～2500 千米时进行的保养，主要包括以下内容。

（1）完成每日保养的全部项目。

（2）清除空气滤清器的积尘，清洗柴油、机油滤清器和输油泵滤网，并更换新的机油。

（3）检查蓄电池内电解液的密度和液面高度，不足时要及时补充。还要紧固导线接头，并在接头处涂上凡士林。

（4）清除发电机及启动电机电刷和整流子上的污垢，检查启动电机开关的状态。

（5）检查气缸盖和进、排气管有没有漏气现象。

（6）检查、紧固各电线接头，检查散热器及其软管的固定情况。

（7）检查方向盘自由行程、转向器间隙、手刹和脚制动器的蹄片间隙、制动总泵等是否正常。

（8）检查钢板弹簧有无断裂、错开，紧固螺栓、传动轴万向节连接部分是否完好；还要检查各部分的固定情况，并润滑全车各润滑点。

（9）更换发动机冷却水，检查变速箱、后桥的齿轮油油面，不足时应及时补充。

(三) 二级技术保养

二级技术保养是拖拉机每行驶 8000~10000 千米时进行的技术保养，主要包括以下内容。

(1) 完成一级技术保养所规定的全部项目。

(2) 检查气缸压力，清除燃烧室的积炭。

(3) 检查调整气门间隙。

(4) 检查调整离合器分离杠杆与分离轴承的端面间隙。

(5) 放掉制动分离泵中的脏油。

(6) 用浓度为 25% 的盐酸溶液清洗柴油机冷却水道。

(7) 检查调整轮毂轴承间隙，并加注润滑脂。

(8) 拆下喷油器，检查其喷油压力及雾化质量。

(9) 检查各处油封的密封情况。

(10) 检查轮胎的胎面，并将全车车轮调换位置。

(四) 三级技术保养

三级技术保养是拖拉机每行驶 24000~28000 千米时进行的技术保养，主要包括以下内容。

(1) 完成二级技术保养所规定的项目。

(2) 检查调整连杆轴承和曲轴轴承的径向间隙以及曲轴的轴向间隙。

(3) 清洗活塞和活塞环，并测量气缸磨损情况，必要时更换新件。

(4) 检查调整发动机调节器、大灯光束。

(5) 拆检变速箱，检查各部分的磨损情况，看有无异常。

(6) 拆检传动轴，弯曲超过 0.5 毫米应校正；检查万向节、前轴各转动部位、后桥等各部位有没有裂纹或破损；检查各齿轮啮合情况及磨损程度；检查并调整主传动的综合间隙。

（7）拆检钢板弹簧，除锈、整形并润滑。

（8）检查并润滑里程表软轴。

（9）拆下散热器，清除芯管间的杂物、油垢和内部的水垢。

（10）检查全部电气设备工作是否正常。

（五）换季保养

1. 春季保养　春天，开始备耕生产，拖拉机也将投入到生产中。由于拖拉机在冬季放置时间较长，作业前应进行一次全面的维护和保养，从而保证拖拉机的正常工作。

（1）清除拖拉机各处的泥土、灰尘、油污。检查各排气孔是否畅通，如有堵塞将其疏通。

（2）检查各处零部件是否松动，特别是行走部分及各易松动部位要重新加固。

（3）检查转向、离合、制动等操纵装置及灯光是否可靠，检查三角皮带的张紧度是否合适。

（4）清洗柴油箱滤网，清洗（或更换）柴油滤清器，保养空气滤清器。

（5）检查发动机、底盘等各处有无异常现象和不正常的响声，有无过热、漏油、漏水等现象，并及时处理。

（6）更换与气温相适应的机油和齿轮油，同时清洗机油集滤器，更换机油滤芯。放油时要趁热放净，最好用柴油清洗油底壳、油道和齿轮箱。

（7）检查气门间隙、供油时间、喷油质量，不合适时应调整。

（8）启动发动机使拖拉机工作，再全面检查各部分的工作情况，发现问题及时排除，必要时进行修理。

2. 夏季保养

（1）避免暴晒雨淋。未作业和暂不使用的拖拉机，应停放在干燥通风的阴凉处，否则机体会因风吹雨淋、太阳暴晒，使油漆面失去光泽，甚至起泡或脱落。晒久了，还会导致轮胎老化，甚至发脆破裂，缩短使用寿命。

（2）轮胎充气不宜过多。夏季轮胎充气过多时，气体受热膨胀易导致内胎爆裂。夏季轮胎的充气压力最好低于规定值的 2%~3%。

（3）及时更换润滑油。夏季应换用黏度较大的柴油机润滑油。

（4）热车不可骤加冷水。夏天，蒸发式水冷系统和开式强制循环水冷系统中的冷却水消耗较快，在工作中应注意检查水位，不足时应及时添加清洁的软水。当水温超过 95℃时要停车卸载，空转降温，以防止"开锅"。

在机车运行中如果遇到水箱沸腾或需要加水时，不能骤加冷水，以防气缸盖和气缸套炸裂。此时应停止作业，待水温降低后，再适当添加清洁软水。

（5）及时清洗冷却系统，防止漏水。夏季到来之前，要对冷却系统进行一次彻底的除垢清洁工作，使水泵和散热器水管畅通，保证冷却水的正常循环。可按 1 升水加 75~80 克碱水的比例，加满冷却系统，让发动机工作 10 小时后全部放出，并用清洁软水冲洗干净。此外，还应把黏附在散热器表面的杂草及时清理干净。

冷却系统漏水将使水量不断减少，造成加水频繁，积垢增多，从而导致升温过快，散热效果下降，使用寿命缩短。漏水多发生在水泵轴套处，此时可将水封压紧螺母适当拧紧，如无效，表明填料已失效，应及时更换。填料可用涂有石墨粉的石棉绳绕成。

（6）保持蓄电池通气孔畅通。蓄电池在使用中会生成氢气或氧气，这些气体在高温下膨胀。如果通气孔堵塞，会引起电瓶炸裂，故要经常进行检查，保持蓄电池通气孔通畅。

3. 冬季保养 冬季燃油和润滑油黏度高、流动性差，冷却水结冰及路面积雪冰冻，给拖拉机启动、润滑和行驶带来困难。因此，在完成规定的技术保养和驾驶操作外，还应严格遵守下列技术要求。

（1）清洗、调整和润滑。入冬前要对拖拉机各部位进行除垢、清洗、调整和润滑，全面检查发动机的技术状态。气门间隙、喷油压力等，不符合要求的要调整到规定范围，特别是供油时间不可过晚，否则会造成启动困难。还要对离合器、制动器和操纵机构进行全面检查调整，以防路面积雪和结冻时发生事故。

（2）将燃油和润滑油更换为冬季油。要换成凝固点低于当地气温 5~10℃ 的柴油，加油时要经过严格过滤。油底壳内的润滑油要换成冬季机油，变速箱和后桥内的齿轮油要换成 20 号齿轮油。严禁调速器壳体内的润滑油超过规定的油位，以防引起飞车。

（3）调整蓄电池电解液的比重。把电解液的比重由夏季的 1.25~1.26 调整为 1.28~1.29，在高寒地区可调整到 1.3~1.31。要对电启动系统进行全面检查保养。

（4）发动机启动前要加热水预热机体。采用边放水边加热水的方法，直到机体放水阀流出温水为止。关上放水阀，用摇把转动曲轴数十圈，使各部位充满机油，得到润滑。严禁用明火烤发动机和在无冷却水的情况下启动。发动机启动后，要适当延长预热时间，在散热器前增设保温帘，以保证作业水温达到 80℃ 以上。不允许发动机在低温下长期工作。

（5）夜间停车放尽冷却水。夜间停车后，待水温降到 50℃ 时，打开放水阀放净冷却水，用摇把摇转曲轴数圈，直到无水流出为止，不要关闭放水开关。有的驾驶员图省事，打开放水开关后就离开机车，结果常常发生因脏物堵塞开关，冷却水没有放净而导致机体冻裂的事故。也有的驾驶员停车熄火即放水，导致发动机急剧冷却而机体炸裂。

（6）严格遵守使用操作规程。出车前要备好防滑链、三角垫木等防滑用具。遇到霜冻路面时要慢速行驶，上坡时要用一次能上去的挡位，避免中途换挡。遇到积雪路面，要注意观察路缘边界，不可冒险靠边行驶。

（六）拖拉机闲置期间的保养

（1）拖拉机应停放在库棚内，如条件不允许也可露天保管，但场地应无积水，对易腐蚀、风蚀的部位应遮盖。

（2）拖拉机停放时，每台机车之间必须保持适当距离，以便检查保养和出入方便。

（3）拖拉机的保管处应设置防火用具。

（4）清除拖拉机上的泥土和油垢。

（5）添满燃油箱的燃油，放出冷却水，有水泵的发动机在放水后还需摇转曲轴数圈。

（6）履带式拖拉机应将履带放松，并将履带垫起；轮式拖拉机需将轮轴垫起，使轮胎离地。

（7）应由各气缸的喷油嘴孔注入 50~60 克机油，再摇转曲轴数圈。

（8）根据各项技术保养规定，用润滑油润滑各部位。

（9）露天保管时，磁电机、发电机和启动电动机需用防水布遮盖或卸下单独保管，三角皮带卸下入库保管。

（10）蓄电池应卸下保管，存放在干燥的室内；电桩头擦净后涂以黄油，正极应包布绝缘，并经常检查电解液与电压，按规定时间充电。

（11）放松减压机构，用木塞堵住排气口。

（12）拖拉机上所有未涂防蚀剂的金属表面，必须涂上润滑油，以防锈蚀，油漆脱落处应重新涂上油漆（或润滑油）。

（13）保管期间，每月至少摇转曲轴2次。

二、拖拉机主要部件的维护与保养

（一）行走系统的维护保养

1. 定期进行检查调整

（1）前轮轴承间隙的检查调整。前轮轴承的正常间隙为0.1~0.2毫米，当超过0.5毫米时，应进行调整。

调整时，支起前轴，使前轮离地（对于履带式拖拉机，则应松开履带），依次取下防尘罩、开口销，拧动调节螺母，直到消除轴承间隙为止，再退回1/10圈；转动前轮时，前轮灵活且无明显松动，即表示调整正确。最后，安装开口销和防尘罩。

（2）前轮前束的检查调整。将拖拉机置于坚硬平地上，转动方向盘使前轮转到居中位置；在通过前轮中心的水平面内，分别量出两前轮前端和后端内侧面之间的距离，计算其差值。如果差值不符合要求，可通过改变横拉杆的长度进行调整。横拉杆拉长时前束增大，缩短时前束减小。

（3）履带下垂度（张紧度）的检查调整。检查时，将履带式拖拉机停放在平坦地面上，用一根比两个托带轮间距稍长的木条放在履带上，测出履带下垂度最大处的履带刺顶部到木条下平面间的距离，其正常值为30~50毫米，否则需要进行调整。

调整下垂度时，首先要检查并调整缓冲弹簧的压缩长度为 638~642 毫米，以消除张紧螺杆端部的螺母与支座之间的间隙并锁紧，然后向液压油缸内加注润滑脂，使履带下垂度达到要求。

对于东方红-1002 型拖拉机，其采用液压油缸张紧装置，具有调整履带下垂度和安全保护的功能，当拖拉机遇到障碍时，产生的冲击使缓冲弹簧压缩，履带得到缓冲；如果冲击力超过了弹簧的最大压力，液压油缸的安全阀会自动打开，以达到安全防护的目的。

2. 重视日常保养

（1）经常检查轮毂螺栓、螺母及开口销等零件的紧固情况，保持其可靠性。

（2）每班保养时向摇摆轴、套管、前轮轴及转向节等处加注润滑脂。

（3）经常检查托带轮、引导轮、支重轮等处的油位，必要时添加润滑油，并按要求定期清洗和换油。

（4）及时清除泥土和油污，保持行走部件清洁，尤其注意不要使轮胎受汽油、柴油、机油及酸碱物的污染，以防腐蚀老化。

（5）拆装轮胎时，不要用锋利尖锐的工具，以防损伤轮胎；安装时要注意轮胎花纹方向，从上往下看，"人"或"八"字的字顶必须朝向拖拉机前进方向。

（6）定期将左右轮胎、驱动轮、拐轴和履带等对称配置的零部件对调使用，以延长使用寿命。

（二）制动系统的维护保养

制动系统是用来帮助拖拉机降低速度直至停车，也是影响拖拉机道路运行安全性的重要系统，必须重点检查。

（1）检查制动油管有无磨损及管口连接的紧固情况，要特别注意制动油管是否与桥包、车架等碰磨（小方向应注意主、侧拉杆的连接情况）。

（2）检查制动液，不足时应加注同种制动液，不得多种混用。

（3）检查制动踏板的自由行程，保持制动踏板有 10~15 毫米的自由行程，过大、过小须及时调整。

（4）经常检查操纵机构的连接情况，踏板轴要定期加注黄油，各铰接点应滴加适量润滑油，使操纵机构灵活、操纵省力。经常检查和调整制动蹄与制动鼓之间的间隙，使之保持规定的技术状态。

（5）经常检查半轴油封是否正常，以免变速箱体内部的润滑油侵入制动器内部，污染制动摩擦片，造成制动打滑、制动失灵等现象，并加速摩擦片表面的磨损。

（6）拖拉机行驶后，应用手触摸四个车轮轮毂，温度应基本一致，如果有个别车轮特别热，说明该车轮制动磨鼓；如果有个别车轮特别冷，说明该车轮制动无力。

（三）液压悬挂系统的维护保养

1. 液压油泵的保养　液压油泵是一个精密的部件，因此在使用过程中不允许乱拆乱卸，严格按照要求使用和保养。为了减少油泵磨损，延长使用寿命，当液压系统不工作时，应将液压泵分离。

在液压油泵工作 50 小时后，注意检查油泵盖处是否密封及进出口接盘的固定螺钉是否松动。当拖拉机上液压油箱冒出大量泡沫时，如果管路系统没有漏气现象，则应检查油泵盖内的轴套密封圈是否破裂；在卸下油泵进行检查时，工作地点应清洁无尘土，而且在拆装过程中，必须注意各轴套的位置不要搞错，更要注意导向钢丝的安装方向。如果更换全部密封圈后，油泵流量降低仍然很大，以致影响机车提升的速度，则应送专业修理厂检修。

2. 分配器的保养 在分配器工作 50 小时后，检查分配器上下盖的固定螺钉的松动情况；在使用过程中经常注意接合处的密封性。当分配器工作失灵时，应清洗回油阀，检查各油孔通道是否畅通；检查回位压力是否正常。如果要拆卸分配器滑阀总成检查，重新装配后，应在专门的试验设备上进行自动回位压力的调整。一般规定，调整时工作油液温度为 35~55℃，回位压力为 100~110 千克/厘米^2。

3. 油缸的保养 在使用过程中应经常注意是否存在渗油及漏油现象，发现渗漏时，应及时拧紧紧固螺母或更换油缸密封圈，活塞杆表面保持清洁，严禁磕碰；安装定位阀应保证使其与定位卡箍接触面之间有一定间隙；平时要经常清除油缸外面的尘土及检查各连接件的牢固情况。

4. 液压油箱的保养

（1）在拖拉机每班工作前，检查液压油箱内的油面高度，不足时就添加，使其保持在量油尺的刻度范围内。

（2）在工作 300 小时后，必须清洗滤清器，用柴油清洗各片滤网、磁铁及其他零件，清洗后用压缩空气吹净，在拆装滤网时，禁止沿管子的螺纹转动球形阀壳体，否则会引起阀门调节的损坏；同时拆开油箱的通气盖，清洗气孔及堵塞物。

（3）在工作 1000 小时后，更换液压油。具体方法如下。

①发动机熄火，放出油箱及相关机件中的液压油，灌入柴油。

②启动发动机，用悬挂装置提升 4~5 次来使系统往复工作。

③发动机熄火，放出所有清洗柴油。

④各部件安装完成后，加满油箱及机油，接合油泵，启动发动机，油泵应在分配器手柄中立位工作 2~3 分钟，再增加转速继续工作 3~5 分钟，同时悬挂装置进行 2~3 次升降。液压系统进入试运转后，应将油箱加油到正常油面。

5. 悬挂机构的保养　在日常保养悬挂机构时，给回转轴加注润滑脂，应加至轴套间漏出润滑脂为止。同时，检查各螺钉螺母，以及各定位销的情况。对于整个悬挂系统的所有连接件，均应经常检查，避免松脱和损坏。及时清除尘土，检查和保证各机构的相互协调性和完整性。

（四）传动系统的维护保养

1. 离合器

（1）定期检查离合器，严防主、从动盘间进入油污。油污造成离合器打滑时，可用汽油进行清洗。检查离合器的自由行程，一般为 25~35 毫米，如不符合要及时调整。

（2）拖拉机每班工作结束后，要加入少量机油润滑分离爪斜面，加注黄油润滑离合器踏板轴，每工作 300 小时用黄油润滑内外轴承一次。

2. 变速箱

（1）经常检查轴端油封及外部接合处有无漏油、渗油等现象，必要时要更换油封和纸垫，并拧紧螺钉。

（2）使用中要注意挂挡是否顺利，有无脱挡现象，有故障应及时送修。

（3）行驶后应检查变速箱的升温情况。一般用手能轻按住变速箱箱体，则温度正常；如果不能轻按住，则温度太高，可能是缺少齿轮油或齿轮油变质导致的，应及时加注或更换齿轮油。

（4）行驶过程中应注意变速箱是否有异响。

（5）经常检查变速箱各连接部位的紧固状况，必要时予以拧紧。

（6）定期更换新油，换油时要趁热放出脏油，并用柴油或煤油清洗；新换的润滑油要符合规定标准。

3. 传动轴

(1) 应检查传动轴两端凸缘螺栓的连接情况，如有松动应及时拧紧。

(2) 及时加注润滑脂（应注意，为十字轴加注黄油，打黄油枪时一定要用力，使四个滚针轴承都能得到润滑，而给传动轴伸缩节加注黄油不能过多，以免防尘罩损坏）。

4. 后桥

(1) 检查后桥是否有漏油。

(2) 使用后，应检查后桥包的温升，方法是以手能轻按住后桥包为正常，否则温度过高，应检查桥包油的数量和质量，及时添加或更换。

(3) 行驶过程中应注意后桥有无异响，通常当主减速齿轮磨损过甚，使轴承预紧力过小时会发生异响，而又以油门改变时较明显。

(4) 平常要注意后桥总间隙（方法是垫住两后轮，置空挡，松手刹，用手转动传动轴目测或感觉间隙大小）。

（五）转向机构的维护保养

转向机构控制和改变拖拉机的行驶方向，很大程度上影响着拖拉机行驶的安全性，对转向机构的检查不可掉以轻心，要确保转向机构技术状况良好。

(1) 检查横直拉杆球头、转向垂臂、转向机座等的紧固情况及开口销的锁止情况。

(2) 检查转向轴的预紧情况（方法是沿转向轴轴向推拉方向盘，不得有明显的间隙感及晃动感）。

(3) 检查方向盘的游动间隙是否控制在 15~30 毫米，过大、过小都要及时调整。

（4）在球头等处及时加注黄油。

（5）转向机构的零件有损伤裂缝时，不得进行焊接修理，应更换新件。

（6）行车过程中发现有方向卡滞现象时要停车，排除故障后方可行驶。

（7）行车中发现方向摆振、跑偏等现象时，要及时送修，不得长时间行驶。

（8）转向有沉重现象时，要查明原因，及时消除。

（六）"三滤"器的保养

1. 空气滤清器的保养　加强对空气滤清器的保养是提高发动机使用寿命，防止动力性和经济性下降的重要措施。一般使用、保养须注意下列几点。

（1）经常检查空气滤清器各管路连接处的密封性是否良好，螺钉、螺母、夹紧圈等处如有松动，应及时拧紧，各零部件如有损坏、漏气，应及时修复或换件。

（2）在使用过程中，空气滤清器内积存的尘土逐渐增多，空气的流动阻力增大，导致滤清效率降低。所以，一般每工作 100 小时（在灰尘多的环境中每工作 20~50 小时）必须保养一次。保养时可用清洁的柴油清洗滤芯，清洗后应吹干，再涂上少许机油，安装好。安装时油盘内应换用清洁的机油。

（3）向油盘内加油时，油面高度应加至油面标记位置。机油加得过多，会被吸进气缸燃烧，造成积炭，甚至导致飞车事故；加得过少，又会影响其滤清效果，缩短柴油机的使用寿命。

（4）空气滤清器的导流栅板要保持不变形、不锈蚀，其倾斜角度应为 30°~45°，过小则阻力增大，影响进气，过大则气流旋转减弱，分离灰尘能力降低。叶片表面不得掉漆，以防氧化颗粒进入气缸。排尘口的方向应以能排出尘粒为准。

（5）保养中要清理通透气网孔；有集尘杯的，尘粒不得超过1/3的高度，否则应及时清除；集尘杯口密封应严密，橡皮密封条不得损坏或丢失。

（6）换油和清洗应在无风无尘的地方进行。吹滤网要用高压空气，在湿度低的环境中进行，吹气方向要与空气进入滤网的方向相反；安装时，相邻滤网折纹方向应相互交叉。

2. 柴油滤清器的保养

（1）定期清洗滤清器，在清洗滤芯时发现滤芯有破损应及时更换，清洗时应注意防止杂质在清洗时进入滤芯内腔，从而进入油道。

（2）在清洗滤清器时注意检查各部位密封垫圈，如丢失、损坏、老化、变形等均应及时更换。

（3）安装必须正确、可靠，如弹簧长度缩短、弹力减弱等原因，会影响滤芯两端密封性能并造成短路，必须立即更换。

（4）按保养周期进行定期保养，但在尘土较多的地方工作可适当提前保养。

3. 机油滤清器的保养　机油滤清器使用一定时间后，滤芯上面附着很多杂质和污物，因此应按照说明书的要求定期进行更换。正常行驶的汽车，机油滤清器应每6个月或每行驶6000~8000千米时更换，大型车辆的机油滤清器应按上述时间和里程清洗滤芯。在恶劣条件下，比如经常行驶在多尘的道路上，应每行驶5000千米更换。

对于离心式机油滤清器，可按以下方法进行清洗。

（1）先清除滤清器外罩和壳体上的污物，拆下外罩，取下紧固转子的螺母和止推轴套，然后取下转子。

（2）用套筒扳手拧下转子盖上的螺母，拆下转子盖（注意不要弄坏密封垫圈），用木刮板清除转子内壁上附着的沉淀油泥。

（3）用柴油清洗钢管上的滤网罩，若网上有破洞可以用焊锡补好，应用铜丝疏通喷嘴孔道。

（4）装复转子时，壳体石棉垫应保证完整，螺母下应有垫圈，拧紧螺母时应交替进行。

（5）擦净转子外表面，并将其装入芯轴，装上止推轴套，拧上螺母后用手转动灵活即可。

（6）启动发动机，观察转子盖和转子壳体之间是否漏油。在油温 60℃以上空载运转 2 分钟即可熄火，熄火后转子能延续转动时间在 30 秒以上即为合格。

 **第三节 拖拉机常见故障的维修常识**

一、拖拉机的故障概述

（一）拖拉机故障原因

1. 自然因素

（1）磨损。在工作中，各种运动配合件由于相互摩擦造成表面金属损失的现象，称为磨损。磨损是产生故障的一个主要原因。由磨损造成的基本故障形态，是零件配合间隙失常。由磨损所形成的故障，多属于渐发性故障。

（2）疲劳。零件在交变载荷作用下发生损坏的现象，称为疲劳损坏。例如，轮齿表面产生麻点，轴承的滚珠表面出现剥落，某些轴类零件发生断裂等。疲劳损坏是长期渐变的过程，只有某些零件才会产生这种故障。

（3）振动。由于振动的不断作用，会使依靠摩擦力进行固定的紧固件发生松动或松脱现象而形成故障。例如，飞轮螺母松动，缸盖螺母松动，连杆螺母松动，车轮螺母松动等。由于紧固件松动或松脱而产生的故障，多数属于突发性故障，而且具有破坏性，必须尽量避免。

（4）老化。橡胶类零件长期受光和热的作用而产生的损坏，称为老化损坏。例如，冷却系统的橡胶水管，缸套阻水圈以及各种密封胶圈的硬缩、脆化和破裂等。

由老化所引起的故障是渐发性的，其结果往往造成系统内部工作介质的渗漏，如漏油、漏水、漏气。

（5）阻塞。使用过程中由于机器内部各种杂质的积累，使某些零件和部位发生卡阻或阻塞现象，导致拖拉机产生故障。例如，空气滤清器、柴油滤清器和机油滤清器的阻塞，曲轴净化油腔的脏堵，水道、油道、气道的堵塞，柱塞副和喷油器针阀的卡滞等。

正常使用条件下，阻塞形成的故障是渐发性的，如使用保养不当，阻塞会频繁发生，产生的故障危害极大。

（6）腐蚀。零件长期受化学或电化学作用而产生的损坏现象，称为腐蚀损坏。例如缸壁的腐蚀，轴瓦的腐蚀，气门与气门座的蚀损，蓄电池极板的腐蚀，电缆搭铁处机体的锈蚀等。

腐蚀一般从零件表面开始，逐渐向内部发展，不仅会使零件的表面形状和质量改变，还会引起零件成分和性质的变化。腐蚀引起的故障也是渐发性的，而且不易从外部及时察觉。

2. 人为因素

（1）未按要求修理。零件制造和修理质量低劣，拖拉机组装调整不当。如活塞环的弹力不足，发动机缸套耐磨性差，喷油嘴的喷油雾化不良，装配轴承时乱敲乱打等。在正常情况下，有缺陷的配件在出厂检验或装配前复检时，应当能够排除。然而，在缺乏技术检验、必要的修理装配条件下或在缺乏配件的情况下，误装或违规装配是完全有可能的。

（2）保管运输不当。因存放、运输过程草率，制度不严，措施不当，而使零件出现某些缺陷。例如，将缸套水平堆放，致使下层缸套变形；曲轴长期水平放置，产生弯曲；零件运输过程无包装，致使工作面碰伤等。

（3）使用维护不当。由于驾驶人员经验不足或违章操作与维护，往往造成故障。例如，冬季停车后，发动机未放冷却水而冻裂机体；启动机油箱未按比例加入机油，而使连杆滚珠轴承烧毁；用离合器长期停车或驾驶过程半踩离合器使之处于半分离状态，导致离合器摩擦片及其松放轴承早期磨损。

因此，使用拖拉机的人员，不仅应了解拖拉机的构造和工作原理，还应熟悉拖拉机的工作技术条件和操作规程，如水温、发动机的最高转速、对润滑的要求及保养调整的规定等，以防止故障的发生。

（二）拖拉机故障的主要形式

拖拉机在使用过程中，由于零件磨损、变形等原因，各部分的技术状态会逐渐发生变化。当某些技术指标超出了允许限度时，就表明拖拉机出现了故障。

拖拉机的零件或配合件出现缺陷，主要表现为以下几种形式。

1. 连接件配合性质破坏　主要指动、静配合性质的破坏。以曲轴轴承与轴颈配合工作面的磨损为例，轴承间隙逐渐增大，机油自间隙处泄漏，使载荷带有冲击的性质。结果使主油道压力下降，出现敲击声，零件温度升高。机器上所有的活动连接表面，甚至静止连接表面，在工作中都存在不同程度的磨损。

2. 零件相互位置关系破坏　主要指结构比较复杂的零件或基础零件相互位置关系的破坏。

这种缺陷的形成，大多是由于基础件（如壳体、车架）发生了变形或安装基准面受到磨损而造成的。

3. 机构工作协调性破坏　机器由若干总成组成，整机的正常运转，需要各总成或总成中的各机构按规定时间、相位等关系准确地协调动作。这种工作协调性破坏的原因，主要是机构零件的磨损。而机器的功能又往往对这些机构零件的磨损非常敏感，如气门机构零件的磨损，燃油喷油泵及调速器的磨损，它们都会直接影响到发动机的动力性及经济性，因而经常需要维修和调整。

4. 零件工作性能方面的缺陷　有些故障完全是零件自身的缺陷直接造成的，包括零件的几何形状，表面质量，材料的力学性能、物理性能、化学性能等发生变化。如燃烧室的结构形状参数发生变化，腔室内积炭，室壁及通道烧损，气门、喷油器弹簧刚度的变化，发动机、磁电机磁极的退磁，电器零件绝缘被击穿，油封的胶质材料老化等。

（一）拖拉机传动系统故障与排除

1. 离合器打滑

（1）故障现象。低挡起步迟缓，高挡起步困难，有时发生抖动；拖拉机牵引力降低；当负荷增大时，车速忽高忽低，甚至停车，但内燃机声音无变化；严重时离合器过热，摩擦片冒烟，并有烧焦气味。

（2）故障排除。

①摩擦片表面有油污。应清洗油污，并找出油污原因，予以排除。

②踏板自由行程过小。发现踏板自由行程过小时应及时调整，拖拉机离合器自由行程的正常值在使用说明书中都有明确规定，一般为 30~50 毫米。

③压力弹簧过软或折断，应更换新弹簧。

④摩擦片磨损。摩擦片磨损不大时，可通过适当调整分离杠杆与分离轴承之间的自由间隙进行补偿。如果摩擦片偏磨，严重烧损或太薄，铆钉头露出，应更换。

⑤从动盘及压盘翘曲变形，使两者之间不能正常压紧，或实际接触面积减小，引起离合器打滑，应及时修复或更换零部件。

⑥分离杠杆端面不在一个平面上。必须重新调整分离杠杆，使其偏差控制在 0.2 毫米以内。同时，还要保证分离杠杆与分离轴承之间的自由间隙符合规定。

⑦回位弹簧松弛或折断，应及时更换回位弹簧。

⑧分离轴承烧损或卡死，应当修复或更换分离轴承。

2. 离合器分离不彻底

（1）故障现象。当离合器踏板踩到底以后，发动机与变速箱之间的动力没有完全切断，仍有部分动力传给变速箱，从而导致起步困难、挂挡困难，挂挡时有齿轮撞击、机体发抖等故障的产生。

（2）故障排除。

①踏板自由行程过小。发现踏板自由行程过小时应及时调整，拖拉机离合器自由行程的正常值在使用说明书中都有明确规定，一般为 30~50 毫米。

②三个分离杠杆内端不在同一平面上，个别压紧弹簧变软或折断，致使分离时压盘歪斜，离合器分离不清，应调整或更换弹簧。

③由于离合器轴承的严重磨损等原因，破坏了曲轴与离合器轴的同轴度，引起从动盘偏摆；从动盘钢片翘曲变形、摩擦片破碎等，都会造成离合器分离后，从动盘与主动部分仍有接触，使离合器分离不清，必要时校正从动盘钢片，更换摩擦片。

④由于摩擦片过厚和安装不当等原因，造成离合器有效工作行程减小而分离不清。应查明原因排除。摩擦片过厚应更换，或在离合器盖与飞轮间加垫片弥补（所加垫片厚度不应超过 0.5 毫米）。

⑤摩擦片的毂部花键套与变速箱一轴的前端花键出现锈蚀、损伤或变形，摩擦片不能沿轴向正常滑动，造成分离不彻底，应修复或更换不合格的零部件。

⑥离合器内有杂物。若泥土、秸秆等杂物进入离合器的压力弹簧中，会造成分离困难或不能彻底分离。应彻底清除杂物，并查明其来源，杜绝杂物再次进入。

3. 离合器异响

（1）故障现象。离合器异响多发生在离合器接合或分离的过程中以及转速变化时。例如，离合器刚接合时有时会有"沙沙"的响声，接合、分离或转速突然变化时会有"咔啦咔啦"的响声等。

（2）故障排除。

①分离轴承缺油或损坏。遇到上述情况，应加注润滑脂；对后一种情况还应更换或装复踏板回位弹簧。加注润滑脂后如果仍有异响，或未加注润滑脂而将踏板踏到底时出现响声，表明轴承严重松旷，应更换轴承。

②分离杠杆支架和销孔，或双片式离合器中间压盘的传动销和销孔磨损松旷。将踏板踏至离合器刚分离时如发出响声，表明是分离杠杆或支承销磨损松旷后发响，如果不严重可继续使用，严重时应拆下修理；双片式离合器将踏板踏到底的瞬间发响，表明是离合器传动销和销孔磨损松旷后发响，如不严重可暂时使用，严重时应拆下修理。

③从动盘钢片与盘毂的铆钉松动，或盘毂键槽与变速箱第一轴花键严重磨损，铆钉松动，应及时铆紧；键槽花键配合松旷，应及时更换。

④发动机在工作时，如果离合器有间断的撞击声，通常是分离轴承前后滑动的响声，应从离合器检视孔处检查分离轴承回位弹簧是否脱落或折断，如脱落应予以装回，如折断应予以更换。

4. 离合器接合时发抖

（1）故障现象。起步时，驾驶员按正常操作平缓地放松离合器踏板，拖拉机不是平稳地起步加速，而是间断接通动力，拖拉机轻微抖动。

（2）故障排除。

①分离杠杆内端不在同一垂直平面内，应调整。

②发动机或变速箱和飞轮壳固定螺栓松动，应拧紧。

③压盘翘曲不平、压盘弹簧弹力不平衡，应修理或更换零件。

④从动盘钢片与盘毂铆钉松动，或摩擦片表面不平，应分解离合器并修理。

⑤从动盘毂键槽严重磨损，或变速箱第一轴（或离合器轴）弯曲和花键严重磨损，应予以校正，磨损严重时应更换。

5. 变速箱跳挡

（1）故障现象。

①拖拉机在行驶时，突然加、减速或"拖挡"后猛加油门时，变速杆自动跳回空挡。

②拖拉机在上坡或平路高速行驶时，轻点制动，变速杆自动跳回空挡。

③在凹凸不平的道路上行驶，拖拉机发生颠簸震动时，自动跳回空挡。

（2）故障排除。

①首先检查变速箱的锁定机构。检查锁定弹簧是否折断失效或弹力减弱。若锁定弹簧折断，则应该更换；若弹簧弹力不足而又没有备件时，可在弹簧下部垫一个适当厚度的垫圈，以弥补锁定弹簧弹力的不足。

检查拨叉轴"V"形定位槽及锁销头部的磨损情况。若"V"形定位槽或锁销头部磨损严重，应修理或更换。

②检查齿轮的啮合情况及拨叉。若上述零件情况正常，则应进一步检查齿轮的啮合情况及拨叉。

另外，对没有联动锁定机构的拖拉机，如果挂挡时变速杆没有推到底，定位销就不能落入拨叉轴上的"V"形槽内，使齿轮不能全齿啮合，拨叉轴浮动。齿轮在运转中会产生轴向推力，而定位销又不能使其定位，从而致使啮合齿轮甩脱造成跳挡。因此，在挂挡时一定要把变速杆推到底。

6. 挂挡困难

（1）故障现象。挂挡时变速箱内发出打齿声或扳不动变速杆，无法挂挡或挂挡困难。

（2）故障排除。

①挂挡时，将离合器踏板踩到底，使之完全分离，以免移动齿轮时打齿。若离合间隙调整不当，应重新调整。如果有时挂不上挡，可先分离一下离合器，让齿轮稍微移动一下，然后再挂挡。

②用油石磨修有毛刺的齿轮的轮齿端面。对于结构完全对称的齿轮，当轮齿单面磨损后，可调换位置使用。

③若拨叉轴上固定拨叉的紧固螺钉松动，应将螺钉拧紧并用铁丝挂牢；若变速拨叉严重变形或磨损，应拆开检查，修复或更换新件；若锁定弹簧压紧力过大，使变速杆或拨叉扭曲变形，应修复有关零件或更换变速杆和拨叉。

④用油石磨修变速箱花键轴上的毛刺或台阶，磨损量超过 1 毫米时，应更换。

7. 变速箱异响

（1）故障现象。拖拉机在行驶或停车时，变速箱发出噪声，车速越高，噪声越大。

（2）故障排除。

①滚动轴承过度磨损，轴向和径向间隙过大；轴承隔圈、隔套损坏，滚珠表面剥落等，转动时产生异响。应更换轴承、轴承隔圈、隔套等。

②传动齿轮表面磨损严重或疲劳损伤，使啮合情况恶化，或者齿侧间隙过大，传动中产生冲击而发出异响。应更换齿轮，且必须成对更换。

③润滑油不足或润滑油脏污、变质等，齿轮和轴承润滑状态恶化，使齿轮在传动时发热而产生不正常响声。检查润滑油，不足时应及时添加，润滑油不合格，应及时更换。

④变速箱中轴的定位挡圈或锁紧螺母松脱，应固定锁紧螺母和定位挡圈。

8. 后桥异响

（1）故障现象。拖拉机工作时，后桥发出的声音刺耳或有撞击声、折断声等异常响声。

（2）故障排除。

①箱体内润滑油不足或黏度不够，造成润滑不良，齿轮传动时发热，产生不正常响声。应添加润滑油或更换黏度合适的润滑油。

②轴承磨损，轴承间隙过大，使齿轮的正常啮合被破坏，传动时发出冲击或咬齿的杂音，应更换轴承。

③半轴齿轮和差速齿轮齿面磨损，啮合间隙过大，导致声音异常。如果齿面磨损不太严重，可以用增加半轴齿轮止推垫片厚度的方法使齿轮正常啮合；如果齿轮齿面和后端支撑面严重磨损，则应更换齿轮。

④圆柱从动齿轮装反，即把无凸台的一边作为结合面，那么即使将螺栓按规定扭矩拧紧，锁片锁好，使用一段时间后螺母也会自行松脱。装配时，应注意圆柱从动齿轮的安装，切勿装反。

⑤安装差速器盖、圆柱从动齿轮的紧固螺栓松动，或锁片没有锁好，致使螺母松脱。应按照规定扭矩重新紧固螺母，并将锁片锁好。

⑥差速齿轮轴的两个止退螺栓松脱，使得差速齿轮轴窜动，严重时打坏箱体，应拧紧止退螺栓。

9. 差速器损坏

（1）故障排除。

①半轴壳体与齿轮箱圆孔的同轴度应保持在 0.04～0.11 毫米，超过这个范围应及时调整。调整向心轴承的标准径向游隙保持在 0.006～0.028 毫米，否则及时调整。轴承内环与差速器盖空心轴颈配合的过盈量应控制在 0.025 毫米以内。

②平时每工作 100 小时检查油面高度，不足时按要求添加至规定高度。

③定期更换差速器润滑油，新机或大修的机车经磨合试运转后及时更换润滑油；在环境恶劣的情况下作业时，应多检查润滑油油面，油面低的应及时添加。

④切勿严重超载，同时在行驶中选择合适挡位，不要长期拖挡，避免差速器早期损坏。

⑤差速器工作 1000～5000 小时，需要调整行星齿轮与半轴齿轮啮合间隙，可通过增减行星齿轮垫片和半轴齿轮垫片的厚度来调整。

（2）保养。在日常保养中，测量啮合间隙可凭以下经验：将垫片厚度增加后，用手拨不动齿轮，说明啮合间隙太小；如果一拨就能快速转动，同时用手摆动行星齿轮有声音，说明啮合间隙太大。

（二）拖拉机行走系统故障及排除

1. 轮式拖拉机自动跑偏

（1）故障现象。在正常情况下把住方向盘向前行驶时，拖拉机自动地或突然驶向一侧称为跑偏。

（2）故障排除。

①左右两侧轮胎气压相差太大，使两侧滚动速度不相同，造成拖拉机跑偏。充气时应保证两侧轮胎气压一致。并应及时检查充

气量。

②方向盘自由行程增大，造成转向控制失灵。当拖拉机行驶在凹凸不平的路面或遇到石块等障碍时，前轮自动转向，造成拖拉机突然跑偏。应检查方向盘自由行程，如果行程过大，应予以调整，一般情况下方向盘自由度应在 $15°\sim25°$。

③前轴倾斜或弯曲变形，或转向节轴变形，造成拖拉机跑偏，应修正前轴或转向节轴。

④两侧后轮胎磨损不一样或新旧搭配使用，花纹高低不同，附着性能不同，拖拉机行驶时容易滑行跑偏。应定期将两侧轮胎互换使用，另外，在更换轮胎时最好成对更换。

2. 履带式拖拉机自动跑偏

（1）故障现象。履带式拖拉机正常行驶时，在不拉动左右操纵杆的情况下，出现自动偏离行驶方向的现象，一般称为自动跑偏。

（2）故障排除。当履带式拖拉机出现自动跑偏时，应该根据其具体原因予以排除。在使用中应采取以下预防措施。

①保证转向离合器技术状态经常处于完好状态，使两驱动轮的转速相等。

②随时注意检查履带板孔与连接销的磨损情况。必要时更换，尽量使两侧履带板的间距相等。可以采用在两侧履带板块数相等的情况下测量履带总长度的办法，然后视其情况，左右对调其中一部分履带板，使两边履带的总长度相等。

③正确调整左右两侧履带的张紧度；将磨损的驱动轮换边使用，消除履带在驱动轮的滑移。

④合理调整农机具在拖拉机上的挂接点，使牵引点通过拖拉机构成纵向对称线，使两侧履带负荷一致。尽量避免长期使用一侧转向离合器，使两侧行走系统磨损程度尽量一致。

3. 拖拉机"吃胎"

（1）故障现象。拖拉机两侧大轮胎磨损不一致，有时一侧磨损很快，即出现"吃胎"现象。

（2）故障排除及预防。

①轮胎气压应符合规定，高温季节可稍低一些，一般取规定值的下限。胎压过高，帘布层会过分拉伸，使其过度疲劳或发生断裂；胎压过低，帘布层过度皱折变形，易造成橡胶层与帘布层脱离，且加速橡胶层的老化与磨损。因此，不要使拖拉机长期超负荷作业，以减少轮胎的滑转磨损。

②测量三脚架牵引销孔中心点到挂车两前轮着地点中心的距离，这两个距离应相等。若不等，要查明原因予以排除。必要时，重新制作一个等腰三脚架。

③检查两侧前后轮轴距，方法是将两前轮打正，比较两侧前后轮钢圈外缘的两个最短距离。如果不等，则应找出原因，一般是转向节支架、转向节轴、前轮轴或大轮轴弯曲变形造成的，可拆下校正或更换新件，以恢复两侧前后轮相等的轴距。

④驾驶员需要改变一下习惯的油门位置，不要总是把油门放在能引起机组共振的转速上，以减轻"吃胎"的状况。

4. 轮胎损伤

（1）故障现象。拖拉机轮胎在使用中，经常会出现早期磨损、胎侧老化、脱层、胎里环开、胎面切割、裂口与崩花掉块等一系列损伤现象。

（2）排除及预防。

①轮胎在使用过程中，应经常检查轮胎气压，不足时要及时补气，按胎侧所标内压进行充气。

②拖拉机起步、转弯和制动不要太猛，尽量避免换挡起步、猛松离合、重负荷大油门高速起步、转死弯、打死方向盘，以及不必要的急刹车等。

③拖拉机在不平坦的道路上行驶以及在豆类、玉米、棉花等的短茬地上作业时，应放慢速度，多加小心。另外，改变豆类、玉米、棉花等作物的收割工艺，避免留下短而带有尖角的茬口，以妨拖拉机轮胎被刺穿。

④拖拉机的车速应限定在一定的范围内，杜绝齿轮加大和皮带盘的超高速使用，并尽量避免高速长途运输。

⑤拖拉机在松软土地上作业、在泥泞的路上行驶或重载爬坡时，可以用增加驱动轮附着重量、在轮胎上挂防滑链或轮刺的方法，来改善驱动轮的附着性能，防止打滑。

⑥拖拉机在田间作业时，应合理地配套，特别是不要出现"小马拉大车"。发生陷车时，应尽量避免车轮在陷坑内长时间高速空转。

⑦正确保养拖拉机的转向系统，保证前轮前束值的准确，以延长前轮的使用寿命。

⑧长期不工作时，应将整个车辆顶起，使轮胎不受压力，避免长期受压一侧出现皱折，而且不要放气。另外，应把拖拉机放置于干燥通风的车库内，以防太阳暴晒。

5. 轮式拖拉机前轮偏磨

（1）故障现象。拖拉机轮胎的正常磨损应均匀地出现在轮胎的外缘上，从断面上看，磨损均匀且与轮缘中心线对称。如果磨损不符合这个规律，两侧轮胎磨损程度差异较大，则称为偏磨。

为了确保拖拉机在直线行驶时的稳定性，转向操纵轻便，以及减少轮胎的磨损，在设计上，两前轮上端往外倾斜一定的角度，前端向里靠拢（产生前束）。就是说，前轮既不与路面垂直，又不与前进方向平行，前轮胎的磨损必然是外侧重于内侧，这是正常的。但如果超过磨损范围或磨损加剧就易出故障。

（2）故障排除。

①拖拉机在使用中，轮胎内充气量不足，破坏了轮胎与地面的正常接触，造成轮胎偏磨。应注意检查轮胎气压，不足时应及时充气。

②轮胎质量差，如弹性差、机械强度低、耐磨性不好、橡胶质地不均和轮胎形状不正等，应选用高质量和相应规格的轮胎。

③前轮轴承间隙过大，导致前轮工作时出现较大摆动，进而导致轮缘的两侧偏磨。应调整前轮轴承间隙到规定值。

④前轮定位不当。前轮外倾、转向节立轴后倾和转向节立轴内倾变形等，导致前轮定位不当，前轮前束发生变化。由于转向控制机构中的各连接处不断磨损，导致前轮前束不符合要求或不稳定，也会使轮胎出现偏磨。应及时检查和调整前轮前束。

⑤转向节立轴或前轴出现较严重的弯曲变形，使前轮改变了原来的正常位置，出现偏磨。这种偏磨一般出现在轮缘的某一侧，应予以修复，必要时更换转向节立轴或前轴。

6. 轮式拖拉机前轮摇摆

（1）故障现象。轮式拖拉机在行驶中，前轮摆动严重，致使驾驶困难，如不及时排除故障，会造成转向系、行走系等零部件的损坏，甚至引发事故。

（2）故障原因及排除。

①前轮轴承间隙过大，应调整到用手就能轻轻转动前轮，且前轮轴承间隙在0.05~0.2毫米。

②方向盘自由行程过大，应调整自由行程，并控制在20°左右。

③前轮前束值不正确，应调整前束到规定值。

④球头销和销座间隙过大，应更换球头销及销座。

7. 履带式拖拉机的履带脱轨

（1）履带复位。

①如果只脱出托带轮或一组支重轮，用大锤向里敲击履带即可复位。也可用慢慢活动机车的办法来复位，但要特别注意，前进、后退操作要得当，最好车下有人指挥。如动作过猛或不当，可能会导致更严重的脱轨。

②单边的导向轮或驱动轮脱轨时，机车因履带绷得过紧而无法动弹，若强行前进或后退，可能会引起单边大脱轨或行走部件损坏，应立即停车，松开张紧螺杆螺母，减小张紧弹簧的预紧力，使引导轮后移；在履带较松的情况下，从驱动轮后面取出一根履带销，使松弛的履带复位，再把履带销装入即可。

③单边全脱轨时，应先停车，松开张紧螺杆螺母，从驱动轮后面拆开履带，用千斤顶垫起脱轨的一边，摆放好支重轮下面的履带，然后撤去千斤顶，再接好履带板。但是，采用此法一定要在摆正支重轮下面的履带之前，将履带下面的地面整平。

④双边大脱轨解决的方法与单边大脱轨一样，但首先要排除脱轨较重的一边，然后再排除另一边。

（2）履带的正确使用。

①为了延长履带板与销的使用寿命，机车每作业1.3万公顷左右，就应该用管钳将每根履带销转动60°，使履带销均匀磨损，同时

履带板孔也相应得到合理磨损。

②使用新车或换上新的履带，前几个班次保养时，应用管钳卡住履带销端头，使之转动一下，避免履带销较长时间不转动而提前形成"曲轴形"。

③履带的正常下垂量为 30~50 毫米，不得调整得过紧或过松，而且两条履带的下垂量应相同，如果下垂量超过 50 毫米并无法调整时，应拆下一块履带板，再重新调好下垂量。在平坦、坚硬的地面作业时，履带的下垂量应采取最小量，即接近 30 毫米为好。

④履带下垂量过大或驱动轮磨秃，驾驶机车要特别小心谨慎。切忌高速转弯或转死弯，不要在高低不平、左右倾斜的地块超负荷作业或作业时猛转弯，以避免履带脱轨。

⑤开荒翻地作业时，应尽量避免其中一条履带走进垄沟里，田间作业时应尽量避免偏牵引，以减轻行走系统的单边磨损，尽量采用套耕法，使行走系统与转向系统的零件能均匀磨损。

⑥发现驱动轮或履带啮合部位严重偏磨，可将整条履带拆下来换边使用，也可将驱动轮对调使用，延长其使用寿命。

8. 履带式拖拉机前梁断裂

（1）故障现象。在农业作业过程中，拖拉机前梁发生断裂：从左侧的引导轮曲拐轴孔的下部最薄弱处裂开，先由大轴套孔外侧裂至小轴套孔另一端，也有的从大轴套孔处断裂，负荷继续增加时，前梁曲拐轴孔上部也产生断裂。

（2）预防措施。

①拖拉机起步、刹车时要平稳，避免速度突然变化。

②地头长度不要过短，要按机组的转弯半径来确定，机组在地头转弯时缓行，并及时起落农机具，绝不能在地头起犁前带农机具急转弯。

③在推土作业时，切忌猛推、硬冲。

④经常检查行走部分各部件的使用状态和磨损程度，及时调整履带的松紧度和缓冲弹簧的压缩长度，使履带的下垂量保持在 30~50 毫米，缓冲弹簧的压缩长度在 260~265 毫米。

⑤定期检查导向轮拐轴和大小轴套的间隙，当拐轴与大轴套的间隙达到 12 毫米，与小轴套的间隙达 1 毫米时，就要进行修理。

⑥拖拉机每工作 20~25 小时，应润滑导向轮拐轴轴套，当拐轴在套内卡死时，应及时拆开查明原因加以排除。

⑦当拖拉机在作业地点脱轨时，要想办法拆开履带板，铺好后重新装上，严禁强行复轨。

（三）拖拉机转向系统故障及排除

1. 拖拉机转向困难 驾驶员操纵方向盘吃力，拖拉机转向困难。

（1）轮式拖拉机转向困难。正确操纵驾驶拖拉机，注意合理掌握行驶速度，不要猛打方向盘，在过沟埂时降速行驶，以防冲击和震动损坏前轮转向节轴。保持前轮轮胎气压充足、两侧轮胎气压等量一致。修复、更换行星齿轮、齿轮轴。适当增加转向器壳体上盖或轴承下压盖与转向器壳体之间的调整垫片，使轴承转向间隙适中；按规定调整蜗轮、蜗杆及蜗轮轴与调芯轴套的配合间隙。校正转向节，更换立式轴承及轴套，选用质量好的润滑油。

（2）履带式拖拉机转向困难。调整转向操纵杆的自由行程。松开转向操纵机构上的调整接头夹紧螺钉，转动调整接头以改变推杆长度，直到自由行程符合要求。要调整两个操纵杆长度，使其自由行程一致。

转向离合器摩擦片有油时，应更换油封、毛毡垫，必要时进行清洗。清洗方法：将转向离合器室内的积油放出，分别向左、右转向离合器室加入 2.5 千克煤油，运转 5 分钟，然后放出煤油，此时不能扳动转向操纵杆。然后再加入 2.5 千克煤油运转 5 分钟，以便清洗摩擦片，最后放出煤油，将转向离合器完全分离，停车 1～2 小时，待摩擦片表面油液蒸发后即可投入正常工作。

更换弹力减弱的转向离合器内压紧弹簧；清洗制动带和制动鼓，磨损严重时要更换新件。

转向时，操纵杆要拉到底，然后将其送到最前面。转向前，应先拉操纵杆，然后踩制动踏板。转向后，要先松制动踏板，再松手，以减少转向离合器的磨损和打滑。

2. 轮式拖拉机方向盘自由行程过大 方向盘自由行程过大，方向盘松动，导致拖拉机自动跑偏。

①调整球节头间隙，或更换球头销、压盖、销座及弹簧，装上螺塞。

②调整蜗轮、蜗杆与轴承的间隙。

③检查并按规定扭矩拧紧各处螺栓。

④更换偏心轴套，并定期对转向系统各润滑点加注润滑脂。

（四）拖拉机制动系统故障及排除

1. 制动器失灵

（1）故障现象。驾驶员把制动器踩到底，拖拉机虽然减速，但是不能迅速停车。

（2）故障排除。

①调整制动器踏板自由行程到规定值。

②更换油封或橡胶密封圈，用煤油或汽油清洗制动摩擦片表面上的油污或泥水，晾干后再使用。

③更换制动摩擦片。

2. 制动器分离不彻底

（1）故障现象。制动结束后，制动器不分离或分离不彻底，导致制动器发热，加速制动摩擦片的磨损，甚至烧毁摩擦片。

（2）故障排除。

①调整制动器间隙和制动踏板自由行程，使其处于规定值。

②更换回位弹簧。

③清除摩擦片表面的异物，使其保持干燥清洁。

④对各铰接点加注润滑脂。

⑤改变驾驶习惯，除了需要制动时，不要把脚放在制动踏板上。

3. 拖拉机制动异响　故障排除：

①更换制动摩擦片，重新铆接。

②更换或重新安装回位弹簧。

③更换制动鼓。

④按照规定扭矩重新拧紧制动鼓螺母，并用螺母锁片锁紧。

⑤调整制动鼓与制动蹄的间隙到规定值。

⑥更换连接键。

4. 拖拉机制动"偏刹"　制动时，左右两车轮不能同时制动或制动可靠性不一致，导致拖拉机发生偏转，这就是"偏刹"现象。应对其进行检查和调整，消除偏刹现象。

（五）拖拉机液压悬挂系统故障及排除

1. 农机具不能提升　故障排除：

①应拆卸提升器盖重新安装。

②打开拖拉机侧面的检视孔，拨动控制阀，使其恢复正常。

③应拆开油缸，检查缸体与活塞及活塞环的安装间隙，检查油

液清洁状况，并调整或更换机油。

④应及时更换损坏的安全阀。

2. 农机具提升缓慢 故障排除：

①应研磨阀与阀座接合面或更换弹簧，安装时检查密封性。

②当油泵柱塞与套筒磨损间隙超过0.1毫米时，须修理恢复其配合精度。

③将3个封油圈调换安装位置，如仍不能解决，最好与控制阀成对更换。

④应按时清洗滤清器或更换油液。

3. 农机具不能下降 农机具升起后不能下降，原因和排除方法与农机具不能提升基本相同。此外，还应注意：

①控制阀弹簧是否过软或失效，必要时应予以更换。

②提升轴套是否磨损。提升轴套磨损以后，农机具在提升状态，会因运动中的颠簸将内提升臂卡在后桥体上，造成农机具不能下降。应卸去农机具，扳动提升臂，使内提升臂松脱，必要时更换轴套。

三、拖拉机电气系统故障及维修

（一）拖拉机电气系统的故障诊断方法

1. 短路故障

（1）短路故障的现象。当局部短路时，负载因短路而失效，这条负载线路的电阻小，而产生极大的短路电流，导致电源过载，导线绝缘烧坏，严重时还会引起火灾。

故障现象表现为：电源"＋""－"极的两根导线直接接通；电路中不经过负载直接接通；绝缘导线搭铁等。

（2）短路故障的诊断。

①直接观察法。拖拉机电器设备发生故障时，有时会出现冒烟、火花、焦臭、发烫等异常现象。可通过人体的感官感觉到，从而判断出电器设备的故障部位和原因。

②电流表法。凡用电设备通过电流表，电流表指示的电流值就可作为判断依据。若接通用电设备后，电流表迅速由"0"摆到满刻度外，表明电路中某处短路。

③断路试验法。将怀疑有短路故障的那段电路断开，以判断断开的那段电路是否短路。例如，若电路中某处有短路就会使该电路中的熔断器熔丝熔断，这时可先将一只车灯作为试灯，试灯两端的引线接于断开的熔断器两端的接线柱上，此时试灯应亮；然后再将怀疑有搭铁故障的电路断开，若试灯不亮，表明该段电路短路；否则，再逐段对其余相关电路做断路试验。

④万用表检测法。测量电气部件中线圈绕组的电阻值，判断绕组有无短路。万用表检测法是检测电路或元件较为准确迅速的一种方法。

2. 断路故障

（1）断路故障的现象。如果以火线的一端为前，搭铁的一端为后，则线路断点以前仍有电，可以和机体搭铁组成回路；而断点之后没有电，所以电源到负载的电路中某一点中断时，电流不通，导致灯不亮、电动机停转等。

（2）断路故障的诊断。

①电流表法。当工作电压一定，接通用电设备后，电流表指示

"0"或所指的放电电流值小于正常值，表明用电设备电路的某处断路或导线接触不良。

②短接试验法。用螺丝刀或导线将某段电路或某一电器短接，观察电流表或电器的反应，以判定断路故障部位。通常，用一根导线的一端接用电设备的火线，另一端通过与各点相接触之后，根据用电设备的反应来判定故障部位。

③搭铁试火法。将一根导线的一端与用电设备火线相接，另一端与机体试火。顺序试火即可找出断路所在。同时，也可通过试验其他线路的有火或无火来决定断路位置。

④万用表检测法。用万用表取代试火导线测量各点直流电压，如果电压为正值或负值，说明该测试点至电源间的电路畅通；若电压为"0"，说明该测试点至搭铁间的电路为断路。另外，通过万用表对电路或元器件的各项参数进行测试，并与正常技术状态的参数对比，来判断故障部位所在。

⑤试灯法。就是用一只拖拉机用的灯泡作为试灯，检查电路中有无断路故障。可用试灯的一端和交流发电机的电枢接线柱连接，另一端搭铁。如果灯不亮，说明蓄电池搭铁端至交流发电机电枢接线柱间有断路故障存在；若灯亮，说明该段电路良好。

（二）电气系统故障及排除

1. 蓄电池极板硫化

（1）故障现象。

①打开蓄电池加液口盖子时，若能看见极板表面覆盖一层白色霜状物（坚硬而又粗大的硫酸铅晶粒），就表明蓄电池是极板硫化。

②在启动时，启动机转速降低，运转无力，不能持续给启动机供电，致使启动次数减少，有时只能进行1~2次启动。硫化严重时，

完全不能带动发动机。

③充电时，蓄电池充电电压会迅速上升，电解液温度迅速升高，很快上升到40℃以上，过早出现"沸腾"现象。但放电时电压却迅速下降。正常充电后蓄电池容量达不到额定容量的80%。

④用高率放电计检测时，单格端电压急剧下降。

（2）故障排除。蓄电池极板出现硫化时，最好将原有的电解液全部倒出，换加蒸馏水，使液面高出极板10~15毫米，再用2~3安培电流充电。充电时电解液温度不得高于40℃。在充电过程中要随时用比重计反复检查电解液的比重，待电解液比重升至1.15时，可抽出部分电解液，再加注蒸馏水冲淡，继续充电到比重不再上升为止。然后用10小时放电，再用充电电流充电，如此循环充放，直至蓄电池容量不少于额定容量的90%为止。

（3）极板硫化的预防。

①蓄电池要安装牢固，保持外表面的清洁干燥，严禁长期放置在室外暴晒或雨淋。

②使用过程中，应经常检查电解液液面高度，保持在规定值范围内，特别是在夏季要勤检查。只要不是因为渗漏原因而引起的电解液液面降低，只允许加入蒸馏水来调整液面的高度，不能加入电解液。

③避免连续多次大电流放电和过度放电，大电流放电后要及时补充充电。特别注意启动发动机时，每次不得超过5秒，两次启动应间隔半分钟以上，启动次数不能超过3次。如果发动机存在故障，应在排除故障后进行启动，不可将蓄电池电量用尽。

④经常保持蓄电池在充足电状态。每3个月进行1次预防性去硫充电。

⑤尽量不要长期存放蓄电池，若必须长期保存时，要每个月进

行1次补充充电。若蓄电池长期不用时，应将其从拖拉机上拆下，存放在干燥的室内。

⑥根据季节的变化及地区的不同正确选用电解液浓度，特别是冬季用高浓度的电解液，冬季过后应及时进行调整，不应常年使用浓度偏高的电解液。

2. 蓄电池自行放电

（1）故障现象。不工作的情况下，蓄电池每天自行放电超过自身容量的1%时，即为不正常自行放电。这会导致电启动机转动无力，灯光暗淡，喇叭不响或声音很小。

（2）故障排除。

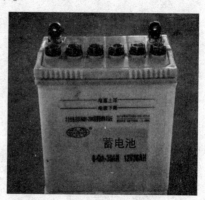

①用密度计量器取出少量电解液，若浑浊即可确定电解液不纯。此时应将蓄电池从车上卸下，进行全放电或过放电，使极板上的杂质进入电解液，并用蒸馏水清洗干净，灌入新的电解液，进行充电后再用。

②用高率放电计检查单格电池的电压，若迅速降至"0"，应拆修蓄电池，更换极板和电解液，然后充电。

③若调压器触点烧结，可用砂布打磨触点，校准闭合电压。

④用热水冲洗盖板上的电解液和杂质。

3. 发电机不发电　拖拉机运转正常，但发电机不向电器设备供电，用旋具搭接电枢与磁场接线柱，无火花。

故障排除：

（1）重新接线，拧紧，清除锈蚀；更换炭刷或炭刷弹簧；用汽油清洗整流子表面；对于偏磨的整流子可进行磨光或车圆。

（2）不能敲击定子，定子剩磁消失后，应先接正激励线圈引出线，再按发电机原来的极性，用蓄电池充磁 2~3 秒，蓄电池搭铁极性与发电机一致。

（3）利用仪表检测，有针对性地修理。

（4）换用新的绝缘材料。

4. 发电机温度过高　发电机正常工作，但用手摸机体和轴承部位时感到烫手。

故障排除：

（1）检查润滑脂情况，必要时添加或更换新的润滑脂；检查轴承情况，若间隙过小，应调整。

（2）检查并进行针对性维修，比如更换轴承，修圆转子，校直弯曲的转子轴；安装时保证合适的间隙。如果电机皮带过紧，应适当放松，使其合乎标准要求。

（3）用万用电表检查，找出短路原因，并修复。

5. 电喇叭故障

（1）触点烧蚀。当工作电压过高，在触点间并联的电容器松脱或失效时，导致喇叭故障。可将电喇叭拆下，用细油石或 00 号砂纸修磨触点，并擦拭干净。

（2）膜片损坏。当触点严重烧蚀以及零部件松动时，也会造成膜片损坏，应更换损坏的膜片。

（3）线圈烧毁。当电源电压过高，工作电流过大时，容易造成线圈烧毁，应更换线圈或重新缠绕线圈。

（4）接触不良。当通电时，电喇叭不响，表明接线断路或内触点接触不良；通电后，大喇叭发出沙哑声，表明触点调整不当或线路接头上接触电阻大，需要对电源通往喇叭的线路进行检查，并重新调整触点间隙。

第二章

农用柴油机的使用规范与故障维修

第一节 柴油机的结构原理与应用

一、柴油机的基本结构

柴油机结构复杂，主要由两大机构和四大系统组成。

（一）配气机构

主要由气门组、气门传动组、气门驱动组等部分组成。它严格按照柴油机工作循环的要求，通过气门的"早开迟闭"，将干净的新鲜空气尽可能多地适时冲入气缸，并及时将废气从气缸中排出。

与配气机构相关的还有设置在气缸盖内的进气道和排气道以及与它们联系的进气歧管和排气歧管，空气滤清器和消声灭火器等。

（二）曲柄连杆机构

主要由活塞组、连杆组、曲轴、飞轮组等构成，是柴油机运动和传递动力的核心。在完成一个工作循环的过程中，通过连杆实现活塞在气缸中的往复运动和曲轴的旋转运动，将活塞的推力转变为曲轴的转矩，实现动力输出的目的。

（三）启动系统

启动系统是借助外力使得静止的柴油机启动并进入正常的自行

运转状态。

利用电动机启动时，包括蓄电池、电启动机、传动装置和启动按钮等；利用辅助柴油机启动时，包括启动柴油机、传动机构和操纵机构等。为了便于启动，柴油机上还设有减压机构和预热装置。

（四）燃油供给系统

主要由低压油路和高压油路两部分组成。低压油路由燃油箱、柴油滤清器、输油泵和低压油管组成；高压油路由喷油泵、高压油管和喷油器等组成。它们根据柴油机工作循环的需要和工作负荷的变化，将清洁的高压柴油适时适量地供给喷油器，喷油器又使柴油以雾状进入燃烧室，继而与气缸内的压缩空气混合并燃烧。

（五）润滑系统

一般由机油泵、机油滤清器、限压阀、润滑油道、机油冷却器和油底壳等组成。它将润滑油压送到相对运动零件的摩擦表面，达到减小摩擦阻力，减轻零件磨损，清洗运动零件表面磨屑和冷却、减振、防锈、密封等综合效果。

（六）冷却系统

主要由水泵、节温器、散热器、循环水套、分水管、风扇以及机油散热器等组成。它使受热零件多余热量得以散发，保证柴油机工作温度不致过高或过低。

二、工作原理

农用柴油机多为四冲程柴油机（图3-1），其曲轴每两转完成一个工作循环，活塞在气缸内往复四个冲程，所以称为四冲程柴油机，工作过程分为四个阶段：进气冲程、压缩冲程、做功冲程、排气冲程。分别介绍如下。

(一) 进气冲程

如图 3-1a 所示，依靠曲轴旋转的带动，活塞由上止点向下止点运动。这时通过配气机构使进气门打开，排气门关闭。随着活塞的移动，气缸内容积逐渐增大，造成真空吸力，新鲜空气不断地从进气门被吸入气缸。活塞到达下止点时，进气冲程结束，进气门随之被关闭。

对进气冲程的要求：进气充分，进气量越多越好，即充气系数越大越好。

(二) 压缩冲程

如图 3-1b 所示，曲轴继续旋转，带动活塞由下止点向上止点运动。此时，进、排气门都关闭，气缸内的空气逐渐被压缩，压力和温度不断升高。

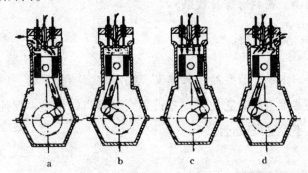

图 3-1　单缸四冲程柴油机工作原理示意图

a. 进气冲程　b. 压缩冲程　c. 做功冲程　d. 排气冲程

对压缩冲程的要求：气门关闭要严密，活塞和气缸之间密封性要好，不能漏气。

（三）做功冲程

如图3-1c所示，当压缩冲程接近结束时，喷油器将柴油以细小的油雾状喷入气缸内。油雾在高温下很快蒸发，与气缸中的空气混合成为可燃混合气。经过很短的一段着火准备阶段，当活塞接近上止点时，可燃混合气在高温下立即自燃，放出大量的热，使气缸内气体的温度和压力急剧升高。当温度升高到1700~2000℃时，进、排气门都是关闭的。高温高热的气体因膨胀而产生的巨大推力，推动活塞从上止点向下止点运动，再通过曲柄连杆机构使曲轴旋转，将可燃混合气燃烧发出的热能转变为活塞、曲轴的机械运动而向外做功。随着活塞向下止点运动，气缸容积逐渐增大，气缸内气体的压力和温度也随之降低。

（四）排气冲程

如图3-1d所示，在飞轮惯性的作用下，曲轴继续旋转，通过连杆带动活塞由下止点向上止点运动。此时，排气门打开，进气门依然关闭，燃烧后的废气被向上运动的活塞驱赶，从排气门排出。

对排气冲程的要求：排气要干净，留在气缸内的废气越少越好。

排气冲程结束，即活塞到达上止点后，曲轴继续旋转，活塞又开始从上止点向下止点运动，开始下一个进气冲程。

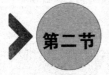 第二节 柴油机的选择、使用与保养

一、柴油机的使用方法

(一) 柴油机的错误使用

1. 调低冷却水温度 柴油机的水温使用要求有明确规定，但许多人认为水温低，水泵中才不会出现气蚀现象，冷却水才不会中断，因此把出水温度调得很低，甚至还不到规定的出水温度的下限值。其实，水温只要不超过 95℃ 就不会发生气蚀，冷却水也不会中断，而且水温过低对柴油机不利。

试验证明，如果冷却液的温度自 85℃ 降到 30℃，柴油机功率约降低 8%，耗油增加 30%~40%，磨损增大约 6 倍。因此，使用时切忌使水温过低。

2. 添加过多的机油 机油少则会导致油压下降，不能完全润滑所有的摩擦运动，加快了零部件的磨损，甚至烧瓦。因此有些驾驶员常常不按规定加油，使机油量超过标准。但是，过多的机油不利于柴油机的正常工作。

因此，柴油机加注机油时，一般油面线应略低于油尺上的刻度，油面过高会适得其反。

3. 增大供油提前角　驾驶员普遍认为将供油提前角增大，柴油机的功率也会变大，因此常常把供油提前角调大，甚至超出规定角度2°～3°。但供油提前角过大或过小都是有害的。

因此，供油提前角应该按照使用说明书进行恰当的调整，不得随意改变供油提前角的大小。

4. 降低柴油机转速　多数驾驶员不愿柴油机在使用转速下工作，认为转速低不会出故障。其实，转速过低不利于柴油机的正常工作。

因此，要正确使用柴油机，充分发挥其动力性和经济性，防止事故发生，延长柴油机及其零部件的使用寿命。

（二）柴油机的正确使用

1. 正确选择合适的柴油　不同型号的柴油机在使用说明书中都详细介绍了使用什么规格、标号的柴油，使用者应认真阅读说明书参照使用。

（1）按季节的变化和地区，分别选择使用不同规格的柴油。一般在气温较高的季节和地区，选择0号柴油较为适宜，即凝固点较高的轻柴油。在气温较低的季节和地区，一般使用凝固点低的柴油，也可以用凝固点较高的轻柴油加入30%左右的煤油，代替凝固点较低的柴油使用。

（2）在常温季节以用凝固点较高的柴油为主，也可以各种标号的柴油按适当比例混合使用。

2. 正确调整柴油机

（1）进、排气门间隙的调整。调整气门间隙至规定值（进气门间隙为0.3～0.4毫米，排气门间隙为0.35～0.45毫米）是保证柴油机正常工作的一个重要条件，调整方法如下。

①拆下气缸盖罩。

②将飞轮上的上止点对准机体上的箭头，使活塞处于压缩冲程位置（也就是进、排气门皆关闭的状态）。

③松开调整螺钉的锁紧螺母，用螺丝刀旋松气门间隙调整螺钉，将规定厚度的塞尺插入气门杆端与气门摇臂之间，拧紧调整螺钉（其松紧程度应保证不留间隙，而且用手指可以转动气门推杆），然后拧紧螺母并抽出塞尺。

④把飞轮转动几圈，再找到压缩上止点，重新检验校正。

（2）减压器的检查与调整。减压机构的检查应在气门间隙调整正确之后进行。扳起减压手柄，若手的感觉用力较大，气门被压下，转动飞轮轻松省力且气门不碰活塞，则减压良好。放松手柄后转动飞轮时，减压轴不得与气门摇臂相碰。

如果情况与上述相反，则应按下列步骤进行调整。

①将飞轮上的上止点刻线对准机体上的上止点指针，使活塞处于压缩上止点位置（进、排气门均关闭）。

②拧紧锁紧螺母，利用减压座外圆与内孔的偏心来调整减压器。如果减压太松（即减压不够），则将减压座顺时针方向转动一个角度；反之，则将减压座逆时针方向转动一个角度。

（3）调整供油提前角。柴油机在出厂前都进行了调整，只有在拆装修理后或发生故障时才进行调整。

①将调速手柄拉到右下端开车位置。

②扳起减压手柄，摇转飞轮，待柴油从高压油管的管口冒出时，停止摇车，然后用手慢慢转动飞轮。当油管口的柴油面开始"动"的一瞬间立即停止转动，此时飞轮上的"0"度刻线（上止点线）与油箱上的箭头之间的距离，就是供油提前角。若油箱上的箭头指的是飞轮上的 21°～25° 刻线，说明供油时间符合要求；否则需通过

增减喷油泵下的垫片来调整。若在25°刻线以外，可增加喷油泵下面的垫片；若在21°刻线以外，则需减少喷油泵下面的垫片。垫片每变动0.1毫米厚度，供油角变动1.3°左右。

③安装喷油泵时，要特别注意将喷油泵上的调节齿条凸头装入齿轮室盖内的调速杠杆长槽内，否则将造成"飞车"或不能启动。调节齿条凸头是否装入调速杠杆长槽内，可拆下齿轮室上观察孔螺塞，来回扳动油门观察。

（4）调节机油压力。出厂时，机油泵上的机油压力调整螺钉已经调整好，不要任意进行调整，也不要随便拆卸。如果因为零件磨损或机油太稀造成机油压力不足，可调整气缸盖罩上的机油压力调整螺钉。向里旋入螺钉可使机油压力提高，向外旋出螺钉可使机油压力降低。

3. 正确操纵柴油机　柴油机的操纵可分为启动、运转、停车三个阶段。

（1）柴油机启动。检查柴油、机油、冷却水是否充足，各部位螺栓是否紧固，如果一切正常，开始启动。

在预热减压状态下，使曲轴旋转，达到启动转速后，将油门置于2/3处，停止预热减压，柴油机即可启动。柴油机启动后，应当让其以中、低速运转一段时间。检查机油压力是否正常，机器有无异响。

采用电启动的柴油机机体温度低时，可使之预热30~60秒再按启动电钮；每次启动电机运转不超过5秒，再次启动至少应间歇60秒。

在启动过程中，切忌猛轰油门。因为柴油机转速突然升高，对曲柄连杆机构、配气机构产生冲击载荷，会增加这些部件的磨损甚至使部件损坏。调速器、安全离合器经常打滑，时间长了会使压片弹力失效，从而使柴油机发生"飞车"。

启动柴油机前，如果温度比较低，最好使曲轴空转几圈，待机器运转感到轻松后以中等油门启动，油门越小越省油。

（2）柴油机运转。待柴油机中、低速运转 10~20 分钟，查看机油压力表、水温表和油温表等是否正常。中等转速下机油压力应高于 10~12 兆帕（1~1.2 千克力/厘米²），车上的电流表指针应摆向充电位置，柴油机运转稳定，无异常响声。如果各部分情况均正常，再把油门置于较大位置，使柴油机以额定转速运转，直至水温达到60℃左右，机油温度达到 40℃左右，方可负荷作业。

在作业过程中，要正确掌控油门，不可猛加或猛减。如果需要暂时停车，应卸去负荷，减小油门，空运转 3~5 分钟后再熄火。

发现异常情况，比如机油压力急剧下降、水温急剧升高、转速超常或飞车、声音异常、飞轮松动、传动件不灵、运动件卡死等，应马上停车检查排除。

（3）柴油机停车。作业结束后要停车时，应先卸去负荷，逐渐减小油门，中、低速运转 3~5 分钟，待水温降至 60~70℃时，才可关闭油门停车。禁止利用减压法熄火，以免增加机件的损伤。如果是冬季，环境温度较低时，停车后不要马上放出冷却水，要待水温降至 30~40℃时，才能放净冷却水，以免缸体和缸盖产生变形和裂纹。

4. 延长柴油机使用寿命的方法

（1）避免猛轰油门。突然改变负荷和转速，使机油压力不能及时发生相应的变化，气缸壁与活塞以及曲轴的轴颈与轴承之间的油膜变薄，从而使润滑条件恶化，磨损增加。

（2）保持冷却水的最佳温度。冷却水温度最佳范围应保持在80~90℃。冷却水温度过高或过低，都会加速气缸活塞组零件的磨损。温度过高，使活塞积炭增多，机油黏度下降，润滑条件变差，加速磨损；温度过低，机油黏度增大使燃气中水蒸气遇冷凝结，稀释油膜，破坏润滑层，从而加剧气缸活塞组零件磨损。另外，机车在低温启动时应做好冷启动前的预热工作。

（3）要注意保持"三净"。

①油净。为了确保柴油机上精密偶件如柱塞偶件、出油阀偶件及喷油器偶件等的正常工作和延长使用寿命，必须供给柴油机干净的柴油，彻底清除混杂在柴油中的水分、尘土及机械杂质。

为使燃油洁净，油箱的加油口装有滤网，以滤除加油时较大的颗粒杂质；油箱的底部装有放油螺塞，用来排出沉积在油箱底部的杂质和水分；油箱出口处装有沉淀杯，油中的水分和污物就沉淀在杯底，再把沉淀杯上部较干净的柴油输入柴油滤清器；经滤清器过滤后，才输入喷油泵和喷油器。因此要经常注意放掉沉淀物和清洗过滤件。

②水净。柴油机的冷却水，要用雨水、雪水等不含矿物质的干净的软水，而不宜使用泉水、井水等含矿物质较多的硬水。加入的软水也应是干净无杂质的，以防止杂质进入水箱造成堵塞。如果没有软水，可将硬水进行软化后使用，就是将硬水烧开后并经过一定时间的沉淀，使矿物质析出后便成为软水。

柴油机内经常结有水垢，所以要注意清洗冷却系统。柴油机每使用1000~1200小时就应清洗1次冷却系统内的水垢。放净冷却水，加入清洗液，再启动柴油机运转5~10分钟，时快时慢，以冲刷沉淀物；停车10小时，再中速运转5~10分钟，然后停车，趁热放出清洗液。再灌入清水，中速运转清洗干净，才可灌入干净冷却水进行工作运转。

③气净。柴油机应尽量避免在尘土飞扬的环境下作业。因为尘土中含有硬度超过金属的沙粒，若气缸中吸入这种未经过滤清的空

气，其中的沙粒就会附着在柴油机的运动部件表面，形成研磨剂，加速运动件的磨损，从而大大缩短柴油机的使用寿命。

（4）及时更换机油。机油要选用合适的黏度和质量等级，并要随着季节的交替适时更换。机油在黏度与质量等级相同的情况下可以互换，但不可混用。可根据以下方法，测定机油是否需要更换。

①油迹试验法。用机油尺从柴油机内取出油样，滴在滤纸上，观察油迹情况。如果中间的黑点与周围黄色油迹的界线不是很分明，而是逐渐扩散的，说明机油中的添加剂尚未耗尽，机油尚可继续使用。反之则说明机油应更换。

②水分爆音试验法。在玻璃管或薄铁制作的容器里装入少量混合均匀的旧机油，用火或蜡烛烧其底部，听见有"噼啪"的响声，说明机油中的水分已超过 0.2%；如果有大量的水分，则会发生突沸，放置后沉降于底部，机油必须更换。

（5）严禁长时间超负荷运转。操作柴油车时低挡高速行驶、长期超载、常急刹车、快速抬离合器等操作都会造成柴油机超负荷运转。柴油机长时间超负荷运转，造成机件的早期磨损，当柴油机转速不变而负荷增加两倍时，柴油机磨损也接近两倍。

（6）严禁长时间怠速运转。柴油机怠速时间不宜超过 10 分钟，若时间太长会导致喷油器偶件发卡。柴油机长时间怠速运转时，由于转速低，喷油压力减少，造成柴油雾化不良、燃烧不完全；怠速运转时机油压力低，运动部件润滑不良，加剧部件磨损，还可能出现烧瓦、拉缸的现象。

5. 柴油机节油

（1）正确使用节油器。不少用户为了提高柴油机的功率而拆掉节油器，导致柴油机最佳供油量的改变，不但增大燃油消耗，也使柴油机燃烧环境变得恶劣，加重零部件的负荷，从而缩短了柴油机的使用寿命。因此，不得随意拆除节油器。

（2）提高冷却水温度。对于循环冷却式柴油机，其正常水温在65~85℃；对于蒸发式柴油机，其正常水温在70~100℃。如果柴油机在水温低于50℃时满负荷运转，会导致柴油不能完全燃烧而增加燃油消耗。同时，由于水温较低，机油黏度加大，零部件运行阻力增加，也使得油耗增加。

（3）确保油料不泄漏。柴油机输油管常因接头不平，垫片变形或损坏而存在漏油现象。解决的办法如下。

①将垫片涂上气门漆放在玻璃板上磨平，可校正油管接头。

②增设柴油回收装置。可用自行车辐条帽代替空心螺丝，或用塑料管将油嘴上的回油管与空心螺丝连接，使回油流入油箱。

（4）保证最佳供油提前角。当柴油机使用一段时间后，由于柱塞件与喷油泵传动件的磨损，供油提前角就会减小，供油时间过晚，耗油增加。因此，必须按时检查调整供油提前角，使其处于最佳角度。

（5）改变"大马拉小车"的做法。许多用户为了追求大功率而忽视了自身的动力，导致"大机器带小水泵""12马力拖拉机底盘配套20马力柴油机"等现象的发生，浪费动力，同时增加油耗。因此，应根据农业机械的实际情况，正确配套动力，降低耗油量，提高农业生产的经济性。

（6）保持最佳的气门间隙。若气门间隙过大或过小，导致进气不足或排气不尽，会造成柴油机冒黑烟，功率下降，油耗增加；气门间隙误差严重时还可能损坏配气机构等机件。因此，要经常检查气门间隙，并对其进行必要的调整，使其处于最佳状态。

（7）负荷要适中。大机器小负荷会浪费动力，消耗燃油；小机器大负荷则使动力不足。因此，柴油机要选择与其功率相当的负荷。另外，适当加大柴油机的皮带轮，可提高转速，节约柴油。

二、柴油机的技术保养

（一）柴油机技术保养规程

1. 日常保养

（1）检查柴油、机油、冷却水是否足够，不足应及时补充。

（2）检查柴油机漏油、漏气、漏水现象，并及时排除。

（3）经常用抹布擦除表面的油渍及灰尘。

2. 一级技术保养　一级技术保养是柴油机累计完成 100 小时运行后进行的保养，主要包括以下内容。

（1）完成"日常保养"各项目。

（2）更换曲轴箱内全部机油，并用柴油清洗曲轴箱，放油和清洗工作必须在柴油机转热后进行，如果气缸盖、机体水道内有水垢，应及时清除。

（3）卸下柴油滤清器，并在清洁的柴油中清洗，去除滤网外的污物。

（4）打开空气滤清器，取出空气滤芯，刷除尘土和积垢，如果发现滤芯破损，应立即更换。

（5）检查紧固件，如皮带轮连接螺栓、地脚螺栓等。

（6）检查机体油路是否顺畅，如果阻塞应疏通。

（7）检查并调整进、排气门的间隙。

3. 二级技术保养　二级技术保养是柴油机累计完成 500 小时运行后进行的保养，主要包括以下内容。

（1）完成"一级技术保养"的各项内容。

（2）检查喷油器的喷油情况，必要时进行清洗并校正喷油压力。

（3）检查气门与气门座密封情况，必要时进行研磨修正，同时清除进、排气门头部的积炭，以及排气管及消声器内的积炭。

（4）检查气缸盖螺母、连杆螺母、飞轮螺母、平衡块螺栓的紧固情况。

（5）清除气缸盖和机体水道孔内的水垢和泥沙。

（6）取出活塞连杆组件，检查活塞环开孔间隙并去除活塞头部、活塞环槽内各处积炭。

（7）检查曲轴油封，如果发现硬化或破损，应及时更换。

4. 三级技术保养　三级技术保养是柴油机累计完成 1000 小时运行后进行的保养，主要包括以下内容。

（1）完成"二级技术保养"的各项内容。

（2）检查并测量气缸套、活塞的磨损情况，若超过磨损极限则应更换气缸套。

（3）检查曲轴连杆颈和连杆轴瓦的磨损情况及配合间隙，若超过磨损极限则应更换轴瓦。

（4）检查机油泵平面的磨损情况，调整机油泵齿轮及泵体端面间隙，以调整机油压力。

5. 柴油机冬季的封存保养　当柴油机停放时间超过 1 个月时，应进行封存。封存 6 个月以后还不使用，应重新封存，方法如下。

（1）打开油底壳上的放油螺塞，放出机油。此项工作最好在柴油机停机后，趁机油温度较高时进行。

（2）打开放水开关，放出冷却水。

（3）放出油箱中的柴油。

（4）卸下机体后盖，取出机油滤清器，清洗干净。

（5）清洗曲轴箱，并安装机油集滤器。

（6）清洗空气滤清器的滤网及内腔。

（7）将 1.8 千克经过过滤的机油脱水处理。将 1 千克脱水机油倒入曲轴箱，然后转动柴油机，直到机油压力指示阀红色标志升起为止，使润滑系统充满机油。

（8）取 0.3 千克脱水机油倒入进气管，摇转柴油机，使机油附着在活塞、气缸套、气门密封环带上。最后将柴油机摇动到压缩冲程上止点的位置，此时气缸内腔与外界隔绝。

（9）将剩下的脱水机油加上 0.2 千克工业用凡士林，加热搅拌，直到溶化混合为止；拆下气缸盖罩并清洗，把上述混合油用刷子均匀涂抹在摇臂、摇臂轴等零件上。

（10）把所有零件装好，并将柴油机外表面洗净擦干。

（11）用油纸将空气滤清器、排气管口以及水箱漏斗口包扎好，以防污物侵入。

（12）将混合油均匀涂抹在柴油机未经油漆的外露面上（如飞轮、油管等），但是橡胶、塑料零件禁止涂抹混合油。

（13）柴油机应存放在通风良好、干燥清洁的场地，严禁放在有化学物品（如化肥、农药等）的地方。

（二）柴油机保养的作用

柴油机在使用过程中，由于零部件松动、磨损、变形、疲劳、腐蚀等原因，工作能力会逐渐丧失，导致整机的技术状态失常。另外，燃油、机油及冷却水的正常工作条件遭到破坏，加剧整机技术状态的恶化，使其出现启动困难、功率下降、耗油增加、零部件磨损加剧等故障，降低柴油机的使用寿命，甚至会导致严重事故的发生。

针对柴油机技术状态恶化的原因和规律，以及工作介质消耗的程度，适时采取清洗、紧固、调整、更换、添加等维护性措施，以保证零部件的正常工作性能和工作条件。这就是柴油机的技术保养。

 第三节 柴油机的故障与维修

一、柴油机技术状态恶化的原因及形式

（一）柴油机故障的主要表现形式

1. **外观异常** 外观异常表现为出现"四漏"（漏水、漏油、漏气、漏电），排气管出现"冒烟"（黑烟、白烟、蓝烟）及小油珠，柴油机剧烈震动等现象。

2. **声音异常** 柴油机在工作中发出的声音应该是均匀的、柔和的、有规律性的噪声，若声音异常，则说明有故障发生，如出现不正常的敲击声、放炮声、吹嘘声、排气声、周期性的摩擦声等。

3. **温度异常** 正常工作时，柴油机的水温、油温均应保持在规定范围内，当温度超过了规定极限而引起过热时，常常导致故障的发生。如机油及冷却水温度过高或过低，排气温度过高，轴承过热等现象。

4. **气味异常** 柴油机运行时，发出橡胶等绝缘材料的烧焦味，排气中有未完全燃烧的油气味等。

5. 消耗异常　柴油、机油、冷却水的消耗过多，而油底壳中的机油油面不降反升等消耗异常现象。

6. 工作异常　柴油机系统工作能力下降或丧失，使其不能正常工作，则说明系统工作异常，如柴油机启动困难、发电机不发电、怠速不稳定、工作中自动熄火等现象。

柴油机的这些异常现象，往往互相联系，可能同时出现在某一部位。

（二）柴油机技术状态恶化的原因

1. 自然因素的影响　磨损、腐蚀、疲劳、震动、老化、污染和阻塞等都属于影响柴油机技术状态的自然因素。由于自然因素的影响，造成了柴油机零件的间隙加大、密封失效、连接松动、调整失常、管路堵塞等。如果不及时维护保养就会导致故障的发生，这类故障发生的概率大都与使用时间有关，使用时间越长，发生故障的概率越大，因此多属于渐发性故障。

2. 人为因素的影响　设计制造缺陷、装配不良、使用操作不当、维护保养不善等都属于人为因素。这些不良的人为因素不仅会加剧自然因素的作用强度，还可直接造成柴油机零部件的损坏、工作条件恶化、工作能力丧失等故障的发生。这类故障往往是突然发生的，没有征兆，属于突发性故障。

（三）柴油机故障判断的原则

柴油机出现故障，应该保持头脑冷静，有步骤有目的地进行检查与分析，切不可盲目检查，胡乱拆卸，应根据故障的异常征兆、迹象、响声、出现时机、变化规律来寻找故障产生的部位，首先从原理与结构层面进行细致的分析推理，做出正确判断来寻找产生故障的原因。

判断柴油机故障的一般原则是：结合结构、联系原理、弄清现象、结合实际、从简到繁、由表及里、按系分段、查找原因。

（四）柴油机的故障诊断

1. **器官感触法** 器官感触法实际上就是经验检查法，即依靠驾驶员或维修人员的眼、耳、鼻等器官的感觉，检查判断柴油机的技术状态和故障现象。

（1）耳听。根据柴油机运转时产生的声响特点（如音调、音量及声响出现的周期等），大致判断配合件的技术状态，称为听诊。明显的声音异常可凭借耳朵直接判断，混杂难辨的声音异常可借助长把螺丝刀接触相应部位进行判断。

（2）眼看。主要观察柴油机在运转过程中的外部特征，如排气管的排烟情况是否有异常；机油颜色是否正常；燃油系统是否有泄漏柴油的部位；冷却系统和润滑系统是否有漏水、漏油现象；柴油机的各种仪表指示是否有异常；各运动部件的螺母是否有松动；柴油机是否震动等。

（3）手摸。用手触摸机件或与轴承部位相应的机体，感觉其工作温度是否正常。一般的用手感触到机件发热时，温度为40℃左右；感到烫手，但还能坚持触摸几分钟，温度在50~60℃；如果感到非常烫手，则机件温度在80℃以上。

（4）鼻嗅。通过嗅觉可判断排气烟味或橡胶件、塑料件的烧焦气味，也有助于判断某些部位的故障。

2. **对比法** 对比法用得比较普遍，柴油机出现故障后，如果对某个部件或哪一个系统有怀疑，更换一个质量好的部件或某一个正常的系统，观察故障是否消除，如果故障现象消失，证明故障就发生在这个部件或这个系统。

3. 隔断法（部分停止法）　经分析怀疑故障是由某一工作部位所引起时，可使该部位局部停止工作，观察故障现象是否消失，从而可断定故障发生部位。隔断法就是停止柴油机的单个气缸工作或逐个停止几个甚至全部气缸的喷油，观察柴油机停止喷油前后的工作变化。用这种方法检查各气缸的工作情况，特别是检查各气缸的排烟颜色最有效。如果柴油机冒黑烟，分析认为是某个气缸喷油器雾化不良所造成，此时可将该气缸停止工作，若黑烟消失，则可认为判断正确。

4. 仪表测量法　采用柴油机台架检测仪、烟度和噪声检查仪等仪器的诊断结果比较正确值，可参照统一的技术要求进行分析判断。

要根据不同故障的特点，具体灵活应用诊断方法，通过思考、分析、推理对故障进行客观分析，找出故障原因和提出排除措施。

5. 验证法　验证法是对已知的故障原因，通过试探性的调整或拆卸，找出故障所在。用改变局部范围内的技术状态，观察其对柴油机工作性能的影响，以判断故障原因。比如，柴油机出现机油压力低的现象，可先清洗滤清器，如故障未消失，再找其他原因。

二、柴油机常见故障与维修

（一）机体故障及排除

1. 柴油机转速不稳定　柴油机工作时，转速忽高忽低，机体发生震动，动力不能充分发挥。其故障原因及排除方法见表3-1。

表 3-1 柴油机转速不稳的原因及排除方法

故障原因	故障排除
（1）燃油油路中有空气或杂质	清洗油路，保养柴油滤清器
（2）气门弹簧折断	更换气门弹簧
（3）喷油器针阀卡滞，油孔滴油	检查，根据具体情况研磨、调整或更换
（4）调速器失灵	
①油泵齿条卡滞	①检查、调整或更换齿条
②调速弹簧太软	②更换弹簧
③调速杠杆拨叉磨损	③修复，必要时更换拨叉
④调速盘斜面不平整	④修复至平整
⑤调速杠杆变形	⑤检修、校正，使其转动灵活

2. 柴油机排烟异常 排烟异常是发动机内部故障的综合反映，及时处理可保证发动机正常使用，避免不必要的损失。其故障原因及排除方法见表 3-2。

表 3-2 柴油机排烟的原因及排除方法

故障原因	故障排除
（1）冒黑烟	
①柴油机超负荷运转	①降低负荷后，若烟色变淡说明负荷过大，可降低负荷；若烟色无明显改变，应停车检查
②气门间隙过大	②按规定调整间隙大小
③气门密封不良	③研磨气门
④供油时间过晚	④调整供油提前角
⑤燃烧室积炭严重	⑤清除积炭
⑥喷油器雾化不良	⑥调整或更换喷油器
⑦活塞、活塞环、气缸套磨损严重	⑦修复，必要时更换
⑧进气管、空气滤清器堵塞	⑧清洗相关部位，必要时更换滤芯

故障原因	故障排除
（2）冒白烟 ①柴油机未预热就负载运行 ②柴油中含水 ③缸盖、缸垫、缸套之间渗水 ④喷油压力太低，雾化不良	①柴油机预热后再负载工作 ②排出柴油中的水分 ③修复零部件，必要时更换 ④调整、修复，必要时更换喷油嘴偶件
（3）冒蓝烟 ①曲轴箱内润滑油油面过高 ②活塞环被积炭卡孔或磨损 ③活塞环胶结在环槽内 ④新活塞环与缸套未磨合好 ⑤气门导管磨损严重 ⑥活塞、缸套磨损严重	①放出多余的润滑油 ②清除积炭或更换活塞环 ③清洗活塞环 ④减少负荷，延长磨合时间 ⑤检查并更换损坏的零件 ⑥检查并更换损坏的零件
（4）不排烟 　①油箱中油量不足或油箱盖通气阀失灵 　②柴油滤清器堵塞 　③油量调节叉伞形齿轮固定螺钉松动或脱落 　④高压油管中有空气	①及时加油或更换通气阀 ②更换滤芯 ③调整、紧固固定螺钉 ④排出油管中的空气

3. 柴油机不能启动或启动困难　按照正确操作步骤启动柴油机，气缸内没有爆发声或启动非常困难。其排除方法见表3-3。

表3-3　柴油机不能启动或启动困难的原因与排除方法

故障原因	故障排除
（1）启动系故障 ①电气线路未接通 ②蓄电池电量不足或接头松动 ③启动电机炭刷与整流子接触不良 ④启动电机齿轮不能嵌入飞轮齿圈	①检查，接通电路 ②充电或拧紧接头，必要时修复接线柱 ③修理或更换炭刷 ④将曲轴旋转一个角度，调整单向接合器齿轮与飞轮齿圈的啮合，并使启动电机与齿圈轴线平行
（2）燃油供给系故障 ①油箱无油或油不足，油箱未打开，润滑油黏度大 ②油路中有空气 ③油路、柴油滤清器堵塞 ④喷油器喷油不良 ⑤供油时间过早或过晚 ⑥喷油泵柱塞偶件磨损，出油阀漏油 ⑦柴油牌号不对	①加油，将油箱开关置于供油位置，润滑油预热 ②排出空气，紧固油管接头，必要时更换垫片 ③清洗油路、柴油滤清器，拧紧或更换漏油零件 ④换用调整正确的喷油器 ⑤检查并调整供油提前角 ⑥修复或更换新零件 ⑦根据要求，换用合适牌号的柴油
（3）气缸压力不足 ①气门间隙过小 ②气门漏气 ③气缸盖衬垫处漏气 ④活塞环、活塞、气缸套磨损严重	①调整气门间隙 ②研磨气门 ③更换气缸垫片，按规定拧紧缸盖螺栓 ④向气缸内加入机油，必要时更换零件

　4. 柴油机运行中发出异响　运行中柴油机常常发出异响，如

"当当"的敲缸声，各种金属零件敲击声等。其故障原因及排除方法见表3-4。

表3-4 柴油机发出异响的原因及排除方法

故障原因	故障排除
（1）供油时间过早或过晚	调整供油提前角
（2）气门间隙过大或气门弹簧折断	调整气门间隙，若气门弹簧折断，摇臂磨损严重则更换
（3）气门杆身与气门导管间隙过大	更换气门导管
（4）活塞与气缸套配合间隙过大	更换活塞、气缸套
（5）活塞环侧隙太大	更换活塞或活塞环
（6）连杆轴瓦与连杆颈、主轴承与主轴颈的间隙过大	磨修曲轴，更换合适的主轴瓦和连杆轴瓦
（7）曲轴轴向间隙过大	取出少量主轴承盖处的垫片并调整
（8）气门间隙、减压间隙调整不当，气缸垫太薄或正时齿轮记号装错	调整或更换

5. 润滑油压力过低 润滑油压力不足，压力指示器不能升起；润滑不良，摩擦消耗的功率过多，导致功率不足。其故障原因及排除方法见表3-5。

表3-5 润滑油压力过低的原因及排除方法

故障原因	故障排除
（1）油底壳内润滑油油面过低	加足润滑油
（2）润滑油集滤器堵塞或油路堵塞	清洗油路或集滤器

故障原因	故障排除
（3）机油太稀 ①牌号不对 ②柴油稀释 ③油温过高	①更换为合适牌号的润滑油 ②检查柴油漏入渠道，并排除 ③降低温度
（4）机油太黏稠 ①温度太低 ②牌号不对	①预热 ②更换为合适牌号的润滑油
（5）润滑系统漏气、漏油	检查润滑系统各接头的紧固情况，并拧紧
（6）主轴瓦、连杆轴瓦间隙过大	更换轴瓦

6. 柴油机润滑油压力过高 柴油机润滑油的压力超过了规定值范围。其故障原因及排除方法见表3-6。

表3-6 润滑油压力过高的原因及排除方法

故障原因	故障排除
（1）润滑油黏度过高	根据不同季节选用合适牌号的润滑油
（2）润滑油泵限压阀弹簧调整过紧	检查并调整
（3）主油道堵塞	清洗主油道

7. 柴油机功率不足 农用运输车工作乏力，稍加负荷排气管就排放黑烟。其故障原因及排除方法见表3-7。

表 3-7　柴油机功率不足的原因及排除方法

故障原因	故障排除
（1）配气机构不正常 ①空气滤清器或进气管部分堵塞 ②进、排气门漏气或开闭时间不准，进、排气门间隙不对 ③气缸盖螺栓松动，或气缸盖因缸垫烧损而漏气 ④气缸套、活塞及活塞环严重磨损或活塞环开口过大，活塞环开口转到同一直线方向上	①清洗，必要时更换滤芯 ②调整气门开闭时间，研磨气门密封线，调整气门间隙 ③拧紧气缸盖螺母，或更换气缸垫 ④检查，重新错开环口，清洗，必要时更换零件
（2）燃油系统工作不正常 ①柴油滤清器堵塞，油流不畅，供油不足 ②喷油时间不合适 ③喷油器磨损，喷油压力低、喷油质量差 ④出油阀偶件、柱塞偶件磨损	①检查并清洗油路 ②调整喷油时间 ③检查喷油器，研磨或更换针阀 ④研磨或更换零件
（3）润滑系统不正常 曲轴与轴瓦、活塞与气缸套配合间隙过小或润滑不良，严重时活塞拉缸或轴瓦抱死	检查，修理润滑系统

8. **柴油机过热**　机体温度过高，冷却水箱"开锅"。其故障原因及排除方法见表 3-8。

表 3-8　机体温度过高的原因及排除方法

故障原因	故障排除
（1）长时间超负荷运转	降低负荷
（2）修理装配时零件配合间隙过小	增加试运转（磨合）时间，或重新修理
（3）排气门间隙过大	调整排气门间隙
（4）燃烧室积炭过多	清除积炭
（5）冷却系统水垢过多	清除水垢
（6）冷却水不足	加冷却水
（7）气缸垫损坏或气缸盖螺母松动	更换气缸垫或拧紧气缸盖螺母
（8）润滑不良	检查修复润滑系统
（9）风扇皮带太松，打滑	调整皮带张紧度

9. 工作中柴油机自行熄火　主要表现为正常运转的柴油机突然自行熄火。其故障原因及排除方法见表 3-9。

表 3-9　柴油机自行熄火的原因及排除方法

故障原因	故障排除
（1）柴油供给中断	
①柴油箱中的柴油用尽	①加足柴油，并排出空气
②柴油滤清器堵塞	②拆检、清洗，必要时更换滤芯
③油路中有空气	③先排出低压油路中的空气，再排出高压油路中的空气
④柴油中有水	④更换柴油，清洗油路
（2）润滑不良	
①活塞与气缸套咬死	①检查、修理或更换
②主轴瓦烧损	②检查、修理或更换
③连杆瓦烧损	③检查、修理或更换

故障原因	故障排除
（3）喷油器偶件咬死	拆检、研磨或更换针阀偶件
（4）气缸垫烧损或冲坏	更换气缸垫
（5）气门间隙调整螺钉损坏，气门弹簧折断等	更换零件
（6）连杆螺栓或曲轴等断裂	更换零件

10. 柴油机"飞车" 主要表现为：柴油机转速飞快上升无法控制，同时伴有刺耳的尖叫声，关闭油门手柄也不能使柴油机停车。遇到"飞车"故障时，必须立即采取紧急熄火措施：首先关死油门，并迅速拧松高压油管接头螺母，彻底切断燃油供给。如果"飞车"是由于燃烧润滑油所致，可迅速卸去空气滤清器顶罩，并堵死进气管口，使柴油机实现紧急熄火；若采取上述措施无效，可打开加压装置，使柴油机减压熄火（但是易造成气门弹簧、顶杆等零件折断，一般不建议采用）。

"飞车"的故障原因及排除方法见表3-10。

表3-10 "飞车"的原因及排除方法

故障原因	故障排除
（1）油泵齿条卡死在最大供油位置	拆卸检修，重新安装
（2）柱塞调节臂不在调速拨叉内	重新安装
（3）调速滑盘卡死	拆卸检修，重新安装
（4）调速钢球数量短缺	拆卸检修，必要时更换
（5）空气滤清器内油面过高	减少机油到规定位置

11. 捣缸（敲缸）

（1）故障现象。柴油机捣缸是指柴油机气缸体因受内部损坏零件撞击而造成的破裂或穿洞事故。预兆特征是曲轴箱部位有"嗒嗒"

声，像小锤子敲硬地板的声音，即俗称的"敲缸声"，机油压力下降，急加速时更明显。

（2）故障排除。发生捣缸故障后，应拆开仔细检查。对于损坏的零件应选用合格的零件更换；如果气缸体破损不大，碎块较完整，可用粘补法或铸铁冷焊法修补。重新装配时，必须按规定进行，比如活塞销与销孔及连杆小头衬套的配合间隙、连杆螺栓的扭紧力矩及防松装置等都要符合要求。

为防止捣缸故障，应做到以下几点。

①正确装配活塞连杆组件，装配前应仔细检查连杆、活塞等零件是否存在隐伤，检查活塞销锁环卡槽的深度、活塞销尺寸是否符合规定要求；装配后要认真检查活塞销锁环是否漏装，活塞在气缸内若有偏缸应认真校正。

②更换活塞环时，要重视活塞环选用和装配前检测，按标准应具有足够的端隙、背隙和侧隙。

③柴油机发生飞车或拉缸、烧瓦抱轴事故时，应更换连杆螺栓。连杆螺栓要用扭力扳手按规定力矩分三次拧紧并交替进行，以保证紧度一致。

④保持正确的点火时间或供油提前角，避免点火时间过早或供油提前角过大而使柴油机产生爆燃和过热。

驾驶员在行车过程中，要注意保持柴油机正常的机油压力和工作温度，同时注意查听柴油机的运转情况。发现运行不平稳、有异响时应停车处理或排除。

12. 拉缸

（1）故障现象。柴油机在工作时总发出"嗒嗒"等不正常的干摩擦声，或润滑油冷却水、排气温度都显著升高，或转速自动下降甚至停机，曲轴箱冒烟等现象，缸套与活塞表面有严重划痕、刮伤或烧伤，严重时活塞卡死在气缸套内。

（2）故障排除。拆下气缸盖，打开油底壳，取出活塞连杆组。检查各气缸的缸壁，用眼看、手摸方法检查缸壁拉（刮）伤的程度和产生的原因，判断故障之所在，逐项拆卸检查并予以排除。

13. **缸盖或缸体裂纹** 气缸体和气缸盖是由灰口铸铁铸成的多孔薄壁零件，在工作中承受高温、高压和交变载荷，以及铸件内部残余内应力的作用，使用一段时间后或使用不当，经常发生裂纹的故障。目前，由于内燃机的设计进步，气缸体和气缸盖产生裂纹的故障多数是由于使用中的人为因素造成的。

（1）故障现象。一般在进、排气门座口之间，涡流室与气门座口之间，以及水道孔和缸盖螺栓孔等部位出现裂纹。

导致冷却水发生内漏或外漏现象，使得冷却水消耗过快。内漏时，水渗进油底壳使得油底壳内的润滑油面升高；水渗进气缸套，使排气管冒白烟或排水。外漏时，机体向外滴水。

（2）故障判断。

①水压法。通过提高机体内水压来发现裂纹的部位。可在修理厂专用水压试验器上检查，如果没有专用设备的单位，可以用普通打气筒充气检查。

检查时先在机体冷却水套内加入总容量 1/2～2/3 的水，把打气筒的出气管接到机体的进水管上，堵住出水管然后充气加压，就能看出裂纹的部位。

②渗透显示法。对于不易觉察的裂纹，可用浸透煤油的棉纱擦拭怀疑有裂纹的部位，再用干棉纱将表面擦净，立即涂上白粉，并用小锤轻轻敲击怀疑有裂纹的部位，裂纹内的煤油就会渗到白粉上，裂纹的部位和长度就会清晰地显示出来。

（3）裂纹修理。

①黏结法。大部分裂纹可应用黏结法修复，常采用环氧树脂黏结。其主要缺点是不耐高温和冲击等，而且在下一次修理时经热碱水煮洗后会脱落，需重新进行黏结。所以，除了燃烧室、气门座附近的高温区，其余均可采用此法。

②焊接法。热焊时，将工件预热到600~700℃进行焊接。焊缝金属冷却缓慢，零件冷却时各处温差小，不易形成较大内应力，防止产生白口和裂纹。但是热焊易产生变形和氧化比较严重，工艺复杂，劳动条件差。冷焊时，工件一般不预热，其工艺顺序如下。

第一，焊前准备。彻底清洁油污水垢，检查裂纹方向及起止点，用2.5毫米钻头沿着裂纹钻一排孔。注意排孔的起止点分别超出裂纹两端4~5毫米，排孔深度为该处壁厚的2/3，然后修整出60°~70°的V形坡口，下部保持曲线形状，坡口两侧25毫米以内的表面用钢丝刷或砂布打光。焊前清除坡口底部裂纹中残留的油污水分并烘干。

第二，焊接。应在室内避风处进行，将工件稍加预热（200~500℃）后施焊效果较好，用小电流分段焊接，分层锤击，以减少焊接应力和变形，采用直径为2.5毫米的铸607焊条，电流90安，且电流极性为直流反接。

③堵漏剂堵漏。堵漏剂适用于铸铁或铝缸体所出现的裂纹、砂眼等缺陷的堵漏（若裂纹宽度、砂眼孔径超过0.3毫米时最好不用这种方法修复）。裂纹长度超过40~50毫米时，可在裂纹两端钻3~4毫米的限制孔，并点焊或攻丝拧上螺丝，防止裂纹扩展。同时，每间隔30~40毫米钻孔（但不钻通）点焊或攻丝拧上螺钉，避免工作中的震动使裂纹扩展。其工艺程序如下：用2%的碳酸钠（Na_2CO_3）溶液清洗循环水路，特别是把裂纹处清洗干净（去掉节温器），放掉碱溶液；从气缸盖出水口加入冷却水（约为总水量的一半）之后加

入堵漏剂 1 升，装好回水管，再从散热器加水口加入冷却水，使水箱接近注满为止；启动柴油机，急速升温，控制在 10~15 分钟内温度升到 80℃以上时，可适当加大油门 10 分钟左右；当柴油机完全冷却后，再急速升温到 80~85℃保持 10 分钟，堵漏剂应在气缸体水套内保留 2~3 天后用清水冲洗。

14. 气缸垫烧蚀（冲缸）

（1）故障现象。

①缸垫的两缸缸沿之间烧损。柴油机动力不足，取下空气滤清器，柴油机急速时，进气管口可听见"啪啪"声。

②缸垫烧损部位与水套孔相通。水箱出现冒气泡、开锅，排气冒白烟现象。

③缸垫烧损部位与油道相通。部分机油会窜入缸内烧蚀掉，出现排气冒蓝烟现象。

④缸垫烧损部位与外部大气环境相通。柴油机动力性差，经济性恶化，并且从垫的破损处发出激烈的"嘣嘣"声。

（2）故障判断。使用中除了通过检测气缸压力判断缸垫是否烧蚀，还可取下水箱盖，启动柴油机，中速运转，观察水箱内有无气泡冒出。若发现水箱加水口不断有气泡冒出，则为缸垫烧蚀；或水箱水面波动随柴油机转速提高而加剧，同时有水喷出，则为气缸垫水道周围部分冲蚀，这时可逐缸断油查出不工作的气缸，拆下喷油器看是否有水珠；启动柴油机观察是否有水或水蒸气从喷油器孔喷出，即可确定缸垫是否烧损。

（3）故障排除。

①更换已经损坏的气缸垫，并在缸垫两面涂抹缸垫密封胶，以加强密封。

②安装时，检查缸盖与机体配合面的技术状态，如有轻度损伤，

可用刮刀修整，保证机体平面的平面度控制在规定范围内；水套孔周围的凹坑及麻点尽量用铜皮或无机胶黏剂垫实、垫平。

③要注意气缸垫不可多次重复使用，当石棉材料硬化变质或折边处有破损时，必须更换；拧紧缸盖螺母时，应按对角线的方法分几次均匀拧紧至规定力矩，并且必须在磨合试运转结束及进行一级技术保养时，重新拧紧缸盖螺母。

15. 缸套断裂

（1）故障现象。缸套上部沿台肩退刀槽处全周向断裂，导致启动困难，工作时燃气窜入冷却水中，水箱内出现冒烟、冒气泡和漂浮机油等现象。

（2）故障排除。

①缸套断裂时，更换新的缸套。

②装配前，检查缸套质量。

③装配时，认真清除缸套台肩与缸体台肩装配面上的异物、积炭，保证缸套装入缸体后，上端面与缸套安装孔的中心线垂直。

④缸套装配后，严格检查缸套台肩的凸出量，凸出量符合规定时才能装配气缸盖。

⑤选择合适的气缸垫，并用扭力扳手按规定扭矩和顺序、方法等拧紧缸盖螺母。

16. 柴油机反转

（1）故障现象。反转时，柴油机由消音器进气，而由空气滤清器排气。若发生反转，驾驶员一定要迅速、果断地关死油门，同时要防止摇把反转伤人。

（2）故障排除。

①正确的摇把启动要领是：选择减压摇车，待飞轮转动惯性加大后，松开减压手柄，再用力摇2~4圈，克服1~2个上止点，即可避免柴油机反转。

②若排气管内消音器堵塞，则应清除排气管和消音器内的积炭或其他杂质。

③正确调整供油提前角，使其符合规定的角度。

④按规定要求重新安装正时齿轮。

17. 缸套早期磨损

（1）故障现象。

①曲轴箱窜气严重，窜气量大于柴油机排量的12倍以上，在加油口有明显的气流上窜的感觉。

②烧机油，窜油严重，一部分窜入燃烧室，一部分随窜气泄到外部；排气管滴油，有的在前后排气管接口处有滴油现象，机油与柴油的消耗比达1%以上，严重的达5%以上。

③排气冒蓝烟，特别是在加油门时更明显。

④由于燃气窜入曲轴箱，机油受污，油底壳放油螺塞的磁铁处积有较多的泥污，机油杂质严重超标，严重的可达正常值的10倍以上。

⑤由于润滑油受污，各运动副磨损加剧（如增压器轴瓦等），连杆瓦若是铜铝合金的则发生明显的早期露铜。

⑥拆检气缸套、活塞环，发现活塞环开口磨损（一般在2毫米以上），气缸内径磨损（一般在0.2毫米以上）。

（2）故障排除。

①定期检查保养空气滤清器、机油滤清器、柴油滤清器，使其处于良好的技术状态，防止尘埃杂质由空气、燃油或机油通道中进入气缸，减轻气缸磨损。工作环境差的柴油机，空气滤清器的保养周期要短。

②定期更换油底壳机油，加入的机油必须符合说明书的要求。更换油底壳机油时，应仔细清洗油底壳及润滑油路，其方法是先放尽变质机油，再用等量的干净柴油倒入油底壳，启动柴油机，急速运转3~5分钟后放尽清洗柴油，然后擦净油底壳，同时清洗机油滤

清器，最后加入规定量的机油。

③新的或大修后的柴油机必须经过严格的磨合试运转后才能正式投入作业。

④启动柴油机后预热一段时间，因为此时柴油机水温较低，气缸等零件还未得到充分润滑。当柴油机水温达40℃时起步，60℃时正式投入作业。

⑤禁止柴油机长期急速运转。因为柴油机长期急速运转时，喷油嘴雾化不良，燃油与空气混合不均匀，燃烧不完全，气缸易产生积炭，加剧磨损。

18. 柴油机怠速过高

（1）故障现象。柴油机在低速运转时不稳定；柴油机怠速运转时转速超过400~600转/分。

（2）故障诊断及排除。

①若怠速过高，可在柴油机熄火后连续踩几次油门踏板，如果踏板不能返回原位，说明油门回位弹簧过软或传动杆系卡滞，应做进一步检查。若油门回位，说明拉杆调整过长，应调至合适的长度。

②检查调速器内润滑油，若过多，应放出润滑油，使油面至合适位置。

③检查调速器时，若发现游隙过大，应在调速器滑盘外增加合适厚度的垫片。

④经上述检查调整后，若怠速仍偏高，可直接适当旋出怠速限制螺钉，减小怠速供油量。

（二）曲柄连杆机构常见故障及排除

1. 曲柄连杆机构的异响

（1）活塞销异响。

①故障现象。柴油机有尖锐清脆、有节奏的"嗒嗒"的类似手

锤敲击铁板的响声，在相同转速下比活塞敲缸响连续且尖细；随着柴油机转速变化响声的周期性变化，加速时响声更大；柴油机温度升高，响声甚至更明显；单缸断火时响声减弱或消失；略将点火时间提前，响声则更大。

②故障排除。柴油机低温怠速时发出"嗒嗒"的连续响声，响声部位在柴油机上部，柴油机中、低速时响声消失。发响时，某单缸断火时响声消失，复火时响声恢复，即为该缸故障。此故障一般是活塞销与连杆衬套配合间隙稍大，暂可继续使用。

柴油机温度正常，中、低速运转时均发出有节奏清脆且明显的"嗒嗒"声。单缸断火响声消失，复火时响声恢复，即为该缸活塞销与连杆衬套配合间隙过大，应更换活塞销或连杆衬套。

柴油机在低温、高温或低速、高速时均发出带震动性的有节奏沉重的"嗒嗒"响声；断火试验时，响声转为"咯咯"的哑声，即可断定为活塞销与连杆衬套严重松旷。应立即拆检，必要时更换活塞销或连杆衬套。

柴油机只在某一转速时发出"贴贴贴"明显有节奏的响声，断火试验时响声减弱却杂乱，即为活塞销与其座孔间隙过大。应拆检并视情况更换活塞销和活塞。

检查机油变质情况，查看机油量，必要时添加或更换柴油机机油。

（2）连杆轴承异响。

①故障现象。连杆轴承响是指连杆轴承与轴颈撞击发出的响声，俗称小瓦响。当柴油机工作时，发出有节奏的"当当"的金属敲击声；单缸断火后响声减小或消失；异响随负荷增大而加重；随转速提高而增大，有时伴有机油压力下降。

②诊断与排除。若柴油机初发动时，响声严重，待机油压力上

升后，响声减弱或消失，表明个别连杆承间隙稍大或合金层剥落，应视情修磨连杆颈或更换连杆轴承。若柴油机温度正常，由低速突然加至中、高速时，柴油机发出有节奏的"当当"的响声；转速再升高时，其响声减弱直至消失；单缸断火时响声消失，复火时响声恢复；稍关油门，响声更明显，说明连杆轴承间隙过大。应修磨连杆颈或更换连杆轴承。若柴油机温度升高，响声增加，说明柴油机机油不符合要求，应予更换。若同时提高柴油机转速，其响声却减弱但显得杂乱，则说明连杆轴承合金层过热融化，应立即修复。

（3）整体式曲轴主轴承异响。

①故障现象。柴油机突然加速时，会发出沉重有力的"当当"的金属敲击声，严重时机体发生震动，响声随负荷增大而增强；相邻两缸断火时，响声减弱或消失，伴着机油压力下降。

②诊断与排除。若曲轴主轴承声响发生在早期或正常使用期，多数是由于个别轴承盖螺栓松动或主轴颈润滑油路堵塞，使轴承异常磨损而间隙过大。这时可做邻近两缸断火试验以确定异响轴承的缸位。若相邻两缸断火后异响减小或消失，表明此两缸间轴承有异响。若曲轴主轴承声响发生在损耗期，并伴有机油压力下降，表明各道轴承间隙均过大，应进行大修。

（4）曲轴轴向窜动异响。

①现象。曲轴轴承窜动异响的现象与曲轴主轴承异响相似。

②诊断与排除。曲轴窜动发响一般在长时间使用后才出现，怠速时能听到柴油机有"当当"的响声，若踩下离合器踏板，异响减小或消失，表明是曲轴窜动响；柴油机停转时可用撬棍轴向撬动飞轮或皮带轮轮毂部位，并装上百分表测量。其轴向窜动量若超过规定值，说明出现的异响是曲轴窜动响，应更换曲轴止推垫。

2. 曲轴断裂

（1）故障现象。柴油机运转时，突然从曲轴箱内发出沉重的裂开响声或金属敲击声，柴油机的转速迅速降低，运转不平稳，排气管冒黑烟，曲轴上的飞轮及皮带产生摇摆，曲轴完全断开后，柴油机立即停止工作。

（2）故障排除。

①在维修柴油机时要对曲轴有无裂纹、弯曲、扭曲和轴颈尺寸进行必要的技术鉴定、检查与测量，必要时进行修理或更换。

②机体主轴承孔的同轴度误差，应符合技术要求。

③在修磨曲轴时，定位基准要正确；轴颈的内圆角要符合要求（一般为1~3毫米）；轴颈的最大缩小量不得超过2毫米。

④安装曲轴时，各主轴瓦的中心线应在同一轴线上，各轴瓦的间隙应符合规定要求；轴与轴瓦的配合间隙磨损到极限间隙时，必须修理或更换轴瓦；曲轴或平衡轴的轴向间隙也应符合标准要求，否则应调整。

⑤按规定的顺序和扭矩紧固飞轮与曲轴的连接螺栓，并加以锁紧。

⑥更换活塞连杆组时，应检查重量差，要符合规定。安装平衡轴与平衡块时，要注意记号，不能装错。

⑦要注意润滑系统的工作状况。经常检查、调整、保持润滑系统油路畅通，润滑油充足，使润滑良好以免造成轴瓦与轴颈发生干摩擦。润滑油在达到工作时间后要及时更换。

⑧使用中不要超负荷，要正确控制油门，特别是不要在重负荷时起步过猛，否则会造成曲轴的变形弯曲。

3. 烧瓦、抱轴

（1）故障现象。柴油机在正常工作时，转速突然急剧下降，排气管冒黑烟，机油压力指示器浮标下降并伴有明显的敲缸声，说明轴与轴瓦有轻微黏着。若继续运转，轴瓦与轴颈抱死，柴油机就会自行熄火，即使扳下减压手柄也不动。烧瓦一般发生在三个部位，即前主轴颈、后主轴颈与连杆颈。

（2）故障排除。

①发生烧瓦后要及时更换轴瓦，并修整轴颈。若轴颈损坏不大，只有拉毛现象，可用 00 号砂布包在轴颈上进行磨光；若轴颈损坏严重，应进行修理或更换。

②正确使用。更换轴瓦后，应按照规定要求进行磨合；保持柴油机合适的负荷，不能长期超负荷运转；坚持启动后，先预热再起步等。

③正确装配。装配连杆轴瓦时，为保证良好的配合，首先将连杆轴瓦装配到曲轴轴颈上，一边拧紧连杆螺栓，一边转动连杆，直到感到有阻力时为止；然后，往复转动连杆，使轴瓦与轴颈磨合；再拆下连杆，观察瓦片的接触印痕，若不符合要求，则用三角刮刀刮修轴瓦后再装配，继续转动磨合。直到轴瓦与轴颈的接触面积达到75%以上，而且配合间隙符合要求时为止。

④对润滑系统进行严格的保养维护，经常检查油底壳机油油面高度及机油质量，必要时添加或更换。

（三）配气机构常见故障及排除

1. 气门关闭不严

（1）故障现象。气缸压缩力减小，柴油机启动困难；柴油机冒黑烟，功率下降；不减压摇转曲轴可听到漏气声。气门关闭不严可导致内燃机压缩不良，从而使动力性、经济性下降，启动困难并有可能烧损气门。对于柴油机，可使排气烟量增加。

（2）故障排除。

①轻者可清除积炭，进行研磨，重者应先磨气门和铰修气门座，之后再进行研磨。

②应检查气门导管的配合间隙，必要时更换气门或导管。如果更换气门还应重新研磨接触环带。

③应重新调整气门间隙。

2. 气门脱落

（1）故障现象。这是一种突发性故障，发生时内燃机突然熄火并伴有强烈的机械撞击声。

（2）故障排除。

①重新安装安全卡簧或锁瓣。

②更换气门弹簧或气门杆。

③修复，必要时更换摇臂。

（3）故障预防。

①安装前仔细检查气门杆、气门弹簧、弹簧座、锁瓣、安全卡簧是否完全。

②气门锁活塞环的弹性、锁瓣、卡簧必须紧而平地安装在沟槽内，装复后，用手锤敲打气门杆端面四五下，使锁瓣在气门和弹簧座内平稳落实。

③气门安装后，两锁瓣大端平面度应小于0.3毫米，高出弹簧座面应小于2.5毫米，但也不能低于弹簧座面。

3. 气门与活塞碰撞

（1）故障现象。活塞运行至上止点时与气门发生碰撞，柴油机发出异响。

（2）故障排除。

①认真拆检活塞、连杆及气门推杆等零件，并进行相应的修复

或更换。

②日常维护中，注意检查调整气门间隙、减压机构及配气相位等，并及时修复磨损失常的零件。

4. 气门间隙变动

（1）故障现象。气门间隙变化主要有三种情况：越变越大、越变越小或忽大忽小。

如果气门间隙过大且越来越大，则气门开启的延续时间不断缩短，气门开度不足，使得充入气缸的空气量不断减少，废气排不净，使气门摇臂、凸轮等产生强烈的撞击。

如果气门间隙变小且越来越小，当气门在工作中受热伸长时，会造成气门关闭不严而漏气，使柴油机功率下降；同时，高温废气长时间冲击气门，会把气门烧坏。当气门间隙接近没有间隙时，气门杆会撞击活塞顶部，严重时撞坏活塞，造成严重事故。

（2）故障排除。

①修复凸轮轴、挺柱、挺杆、气门小头、摇臂端头等相关零件和部位，必要时更换。

②更换质量和材料合格的气门座圈。

③气门摇臂座螺母、摇臂调整螺钉锁紧螺母一定要拧紧，丝扣损伤的螺栓、螺母要换掉。

④衬套磨损过度应更换衬套，凸轮轴与衬套接触面如磨损出现沟痕时应更换凸轮轴。

⑤气门推杆拆装时要防止弯曲，弯曲时应进行冷矫。

⑥每次调整气门间隙之前都要检查摇臂固定螺母是否拧紧；调好气门间隙后，一定要拧紧锁紧螺母，并复查其间隙是否正确。

（四）柴油供给系统故障及排除

1. 喷油器故障及排除

（1）油嘴不喷油。

①如果在油路中有空气，只需将油路中的空气排出即可。

②如果输油泵供油不正常，需对输油泵进行检修。如果因输油管接头进气，可设法接好；如果因油阀磨损而导致密封不严，需对进出油阀进行研磨，恢复其密封性，损坏失效的则应更换新件；如果活塞弹簧的弹力不足或折断，应更换弹簧；如果因活塞磨损影响供油，则需对活塞进行更换。

③如果燃油系统漏油，可检修和紧固各连接部位。

④如果喷油嘴针阀卡死在针阀座孔中，需将针阀拆下来清洗干净，然后在针阀和针阀座间涂少量机油，防止卡死。

（2）喷油嘴滴油。主要原因是针阀与针阀座密封不良，需拆开针阀与针阀座，有针对性地进行维修。

①如果是针阀与针阀座接合不严密，可用氧化铝研磨剂或机油、牙膏等，涂在针阀与针阀座的密封面上，直接研磨；也可将针阀夹在手摇钻或电动台钻的夹头上，阀体夹在台钳上进行研磨，以提高其密封性。

②如果是轴针或喷油嘴的喷孔轻微磨损，可在针阀体中央放一个直径为 3~6 毫米的钢球，再用小锤轻轻敲击几下，使局部塑变，以缩小喷孔的孔径，缩孔后还要研磨。

（3）喷油器漏气。如果喷油器安装不当，密封不良，在工作时往往会发生漏气现象，从而使柴油机的动力性和经济性下降。排除的方法是：检查喷油器与气缸盖间的紫铜垫圈是否损坏或者漏装，如果损坏或漏装，应更换新件或补装；检查紧固喷油器的螺母是否拧紧，如果未拧紧，应紧固。

（4）喷油嘴针阀烧死拔不出来。当喷油嘴针阀烧死拔不出来时，可将喷油嘴放在容器内，倒入柴油，加热至开始沸腾，再从柴油中取出喷油嘴，将其夹在虎钳上，用钳口衬有铜皮的手钳夹住针阀，用力向外拔，并边拔边转，反复多次即可拔出。拔出来以后，用钻头或钢丝清理阀体油路；用弯头刮刀塞入阀体内环状油路中，刮清环槽中的污物；用刮刀将阀座上的积炭刮除干净；用探针清除辅助喷油孔中的积炭，并插入主喷孔中，旋转推进至串通；同时，清除针阀锥体部分的积炭。全部清理工作应小心谨慎，切勿让易磨损部位有伤痕。

2. 喷油泵故障及排除

（1）喷油泵不供油。

①故障产生。油泵柱塞及套筒过度磨损；出油阀偶件密封不严，漏油严重；柱塞被卡住而无法工作；大修后，柱塞偶件在泵体内的位置装得不对。

②故障排除。更换柱塞偶件；拆开清洗后进行研磨修复，或更换柱塞偶件；重新安装柱塞偶件。

（2）喷油泵供油不均。

①故障产生。柱塞弹簧折断；出油阀弹簧折断或弹力减弱；喷油泵油封垫圈漏油；柴油内有杂质，使柱塞在柱塞套筒内不能自由活动。

②故障排除。更换柱塞弹簧；更换出油阀弹簧；更换油封垫圈；拆开柱塞偶件进行清洗，并清洗燃油滤清器。

（3）供油不足。

①故障产生。出油阀密封不严，漏油；出油阀座与柱塞套筒的平面接触不良；调节齿杆与齿圈（或调节位杆与拨叉）的相对位置不对；柱塞与柱塞套筒磨损。

②故障排除。研磨修复或更换偶件弹簧；研磨修正；重新装配调整；更换柱塞偶件。

（4）供油量过多。

①故障产生。柱塞偶件内斜切槽位置的安装不符合要求；各缸喷油泵的供油量不均匀。

②故障排除。重新装配调整；重新调整。

（5）开始供油的时间不准确。

①故障产生。喷油泵定时螺钉松动；挺柱滚轮面磨损过大；油泵凸轮磨损或变形；喷油泵接合器上的定时刻线没有校准。

②故障排除。重新调整并拧紧；更换新件；更换或校正；将定时刻线校准。

（五）润滑系统故障及排除

1. 机油压力过低

（1）故障现象。柴油机发动后，机油压力表读数迅速下降至零左右，柴油机在正常温度和转速下机油压力表读数始终低于规定值。

（2）故障诊断与排除。

①观察机油压力表或报警指示灯，发现机油压力过低或为零时应立即停车熄火，否则会很快发生烧瓦抱轴等故障。先拔出机油尺，检查油底壳内机油量及机油品质，若油量不足应及时添加；若机油中含水或燃油时应通过拆检，查出渗漏部位；若机油黏度过小，应更换合适牌号的机油。

②若机油量充足，再检查机油压力传感器的导线是否松脱。若连接良好，在柴油机运转时拧松机油压力传感器或主油道螺塞，若机油从连接螺纹孔处喷油有力，则为机油压力表或其传感器故障。

③若机油喷出无力，则应立即熄火，检查集滤器、机油泵、限

压阀、粗滤器滤芯是否堵塞且旁通阀是否无法打开，各进出油管、油道是否漏油。

④若以上检查均正常，则应检查曲轴轴承、连杆轴承或凸轮轴轴承的间隙是否过大，间隙过人会直接影响机油压力。

2. 机油压力过高

（1）故障现象。柴油机在正常温度和转速下，机油压力表读数高于规定值；柴油机在运转中，机油压力表读数突然增高；机油压力表读数低，但高压机油冲裂机油压力传感器或机油滤清器盖等。

（2）故障诊断与排除。

①首先检查机油黏度是否过大，限压阀是否调整不当（弹簧是否过硬）；对于新装柴油机，应检查主轴承、连杆轴承或凸轮轴轴承是否间隙过小。

②若机油压力突然增高，而未见其他异常现象，应检查机油压力传感器及导线是否有搭铁故障。

③接通点火开关，机油泵即有压力指示，则应检查机油压力表、传感器是否完好。

3. 机油消耗过多

（1）故障现象。机油消耗量逐渐增多（机油消耗量超过 0.1 ~ 0.5 升/100 千米）；排气管冒蓝烟。

（2）故障诊断与排除。

①检查外部是否有漏油，应特别注意曲轴前端和后端、凸轮轴后端油杯是否漏油。

②若柴油机气缸盖罩、气门室盖、油底壳衬垫和柴油机前、后油封等多处有机油渗漏，应检查曲轴箱通风装置。清理曲轴箱管道，尤其是通风流量控制阀处的积炭和结胶。若通风受阻，就会引起曲轴箱内压力升高，出现机油渗漏现象。

③若排气管冒蓝烟，是由烧机油造成的。当柴油机大负荷、高速运转时，排气管冒大量蓝烟，同时机油加注口也向外冒蓝烟，这是由活塞、活塞环与气缸壁严重磨损造成的；活塞环的端隙、边隙或背隙过大；多个活塞环端隙口转到一起，扭曲环装反等，使机油窜入燃烧室。

④若柴油机大负荷运转时，排气管冒蓝烟，但机油加注口无烟，则为气门杆油封损坏，气门导管磨损过甚（尤其是进气门），使机油被吸入燃烧室。若短时间冒蓝烟后停止，而油底壳的机油未见减少，则是湿式空气滤清器内的油面过高所致。

4. 油底壳油面自行升高

（1）故障现象。不加机油，油底壳油面自行升高。

（2）故障诊断与排除。

①检查机油中是否含有水分，如果含有水分则检查气缸垫上油孔与水道孔是否损坏，气缸套下部密封圈是否失效，气缸套是否破裂。

②如机油明显变稀，说明有燃油或混合气进入曲轴箱，在曲轴箱凝结成液滴后流入油底壳和机油混在一起。应检查曲轴箱通风系统中 PCV 阀及管路和各缸缸压，检查是否有活塞环漏气现象。

③还应检查喷油泵柱塞与柱塞套、输油泵柱塞与壳体是否配合不良，导致柴油渗漏。

5. 机油易变质

（1）故障现象。机油颜色发生明显变化，失去黏性；含有水分，机油乳化，乳浊状并有泡沫。

（2）故障诊断与排除。

①用机油尺取几滴机油滴在中性纸上，若发黑则说明机油变质。

②用手捻搓，若有滑腻感，说明机油内混有燃油。

（六）冷却系统故障与排除

1. 水温过高

（1）故障现象。冷却水温度讨高，水温表指针经常指在 100℃以上，且伴随散热器"开锅"现象。

（2）故障诊断与排除。

①检查冷却水，若不足应添加。检查水管、散热管是否堵塞。

②检查水泵。用手紧握缸盖连接散热器的出水管，由怠速加到高速，如果感到水流加大，说明水泵正常，否则说明水泵泵水压力不足，应进行拆检，并根据具体情况进行修复。

③检查风扇皮带，进行相应的调整或更换。

④检查节温器。若水箱上水室进水管处有大股水流，说明节温阀关闭不严或损坏。若水温大大超过 70℃时，上水室进水管无水流出或水流很小，说明节温器损坏或作用减弱。

⑤检查供油提前角，进行恰当的调整。

2. 水温过低

（1）故障现象。在寒冷的冬季，燃烧室的工作温度低、燃烧不良、油耗增大、启动困难，使柴油机功率下降。

（2）故障诊断与排除。

①在冬季，应检查柴油机保温是否良好。若保温不良，应在水箱外罩一层保温套。

②定期拆检水道中的水垢是否过厚，水垢过厚就要用清洗液清洗。冷却系统中平时应加入软水，不宜直接加入硬水。

③定时检查节温器。将节温器放入开水中检查，如果主阀门不能自动打开，说明节温器失灵，应及时修复或更换零件。

3. 冷却系统漏水

（1）故障现象。冷却水日消耗量较大，停车后可明显看到有冷却水滴落到地面上。

（2）故障诊断与排除。

①水箱漏水。发现水箱漏水，可拆下水箱，用橡皮塞把水箱的进水口和出水口堵死，再将整个水箱放到水中，用打气筒从水箱的放水管向水箱内打气，冒出气泡的地方就是漏水处，在该处做记号，然后取出水箱擦干，进行焊补。

②水泵漏水。如果是水泵处漏水，应检查封水圈是否扭曲变形，若扭曲变形要更换；若是螺钉松动，应及时拧紧。

③气缸体、气缸套、机体产生裂纹。可拆下气缸盖，寻找裂纹，若在受力不大或工作温度较低的部位产生裂纹，可用涂覆塑料黏结剂的方法修复，也可将红丹漆涂在裂纹周围，再覆上铁板或紫铜板，用螺钉固定的方法修复。在受力不大，但工作温度较高的部位出现裂纹时，可用覆板法、裁丝法修复。对受力大的部位，可用生铁焊条冷焊的方法修复后修平。

④橡胶水管破裂应及时修复或更换新件，要经常检查水管接头卡箍是否卡紧，以防漏水。

⑤如果是气缸套下部封水圈扭曲变形，应及时更换，并在封水圈周围涂上漆。

4. 水垢沉积过多

（1）故障现象。冷却水通道堵塞，可使冷却水循环量减少，导致水温过高，机体温度升高。

（2）故障诊断与排除。检查时可直接打开水箱，看冷却系内水垢的沉积量。若水垢沉积过多，应及时清除。

第四章

农用运输车的使用规范与故障维修

第一节 农用运输车的规范使用

一、农用运输车的使用

(一) 农用运输车的正确操作

1. 正确启动

(1) 手摇启动。首先将变速杆置于空挡位置，左手扳起减压手柄，右手将摇把插入，摇转柴油机。直到听到喷油器发出"嗒嗒"

的喷油声，然后加快转动并立即将减压手柄扳回，继续用力摇 1~2 转，柴油机即可启动。启动后摇把会自行脱开，这时操纵者不得松开摇把，以免摇把甩出伤人。

(2) 电启动。将油门踏板置于中间位置，打开点火开关，每次预热时间不超过 5 分钟，每次启动时间不应超过 5 秒，每次启动失败后，应停 2 分钟再启动，3 次启动失败后，应检查原因，待故障排除后再启动。

120

（3）冬季启动注意加热。冬季气温低，柴油雾化不良，不易启动，要采取加热水和低温加热等措施。启动前，油门应在关闭状态，减压摇转曲轴数十圈，使发动机各润滑表面充满润滑油，同时发动机达到 定温度时再启动。

（4）检查机油压力。柴油机启动后，查看机油压力是否正常，否则应停机检查。启动后，让柴油机低速运转几分钟，然后逐渐加速，待机体温度升高到60℃以上时方可起步，进入正常工作状态。严禁启动后立即投入高速、高负载运转，在任何时候都不允许柴油机高速空转，以防"飞车"。

2. 正确起步　松开制动手柄，踏下离合器踏板，将变速杆挂到Ⅰ挡（即低速挡），慢慢加大油门，同时缓慢松开离合器踏板，运输车即可起步行驶。起步应该平稳，即松开离合器与加大油门的动作要配合得当。起步时，应先鸣号，观察车辆周围情况，确定安全后方可行驶，起步后应迅速将离合器踏板完全放松。严禁Ⅲ挡以上起步，避免冲击载荷造成零件损坏和柴油机熄火。

3. 正确加速　将油门略关小些，踏下离合器踏板，将变速杆挂到高一挡位，慢慢松开离合器踏板，同时加大油门，车辆即可加速行驶。加速换挡的原则是从低速挡逐级换到高速挡。离合器踏板踏下时应迅速，放松时应缓慢，离合器结合后脚应离开踏板，不允许将脚长时间放在离合器踏板上，或用离合器长时间控制车速。

4. 正确转向　农用运输车转向时，必须根据路面宽度、车速快慢、弯道缓急等条件，确定转向时机和转动方向盘的速度。

（1）转弯时，转动方向盘要与车速相配合，及时转向，及时回轮，转角合适，并尽量避免在转弯中紧急制动和变速换挡。双手在转向盘的位置不能交叉；转弯时，应根据道路和交通情况，在开始转弯前100米左右处发出转弯信号，降低车速，靠右侧慢慢转向，并做好制动准备，做到"一慢、二看、三通过"。

（2）转弯过程中，要注意观察后视镜，注意农用运输车后方的情况，且转弯时尽量避免使用制动，尤其是紧急制动。

（3）左转弯时，如果视线不清楚，确认前方无来车或其他情况，可增大转弯半径，即适当偏右行驶。这样转弯时的离心力减小，改善了转弯的稳定性。

（4）右转弯时，要等农用运输车驶入弯路后，再驶向右边，不要过早靠右。否则，将会使右侧后方的车轮偏出路外，或使农用运输车被迫驶向路中，影响其他车辆的通行。

（5）连续转弯时，除了根据弯道的具体情况进行相应操作，在第一次转弯时要观察好第二个弯道的情况，让农用运输车驶向第二个弯道的外侧，不要错失转向时机，控制好车速，稳住油门，灵活转动方向盘，选择好行驶路线，适当鸣喇叭，谨防与来车相撞。

（6）转直角弯道时，要先判断路面宽度，降低车速，缓慢行驶。此外，为了降低转向时的离心力，保证行驶稳定性，在装载货物时，不要超重、超长、超高、偏向一侧。

（7）向右转弯或向右变更车道或靠路边停车时，应开右转向灯。反之，向左转弯或向左变更车道或驶离停车地点或掉头时，应开左转向灯。

5. 正确换挡　车辆如果装配不带同步器的变速器，行驶换挡必须采用"两次离合"的操作方法。

（1）由低速挡向高速挡变换。踩下离合器踏板，松开加速踏板，将换挡杆由低速挡放入空挡位置，松开离合器踏板。随即再踩下离合器踏板，再将换挡杆放入高速挡内，然后松开离合器踏板并踩下加速踏板。

（2）由高速挡向低速挡变换。踩下离合器踏板，松开加速踏板，将换挡杆由高速挡放入空挡位置，松开离合器踏板，并迅速踩下加速踏板，此时发动机达到一个合适的高转速，随即松开加速踏板，同时踩下离合器踏板，再将换挡杆放入低一挡内，然后松开离合器踏板并踩下加速踏板。完成这　操作的关键在于发动机转速接近于底盘传动系统的转速，齿轮啮合时无撞击声。

6. **正确制动**　根据制动性质，农用运输车制动分为预见性制动和紧急制动两种情况。

（1）预见性制动。预见性制动是指驾驶员在驾驶农用运输车的过程中，对于已经发现的人畜、地形、交通情况等的变化，或预计可能出现的复杂情况，提前做出的有目的、有准备的减速或停车。

①减速。减速时，应先放松加速踏板，并根据情况，间断、缓和地轻踩制动踏板，使农用运输车逐渐降低速度。

②停车。首先踏下离合踏板，同时轻轻踏下制动踏板，运输车即可制动。使用制动踏板时，应使用点刹的方法，不允许长时间将脚踏在制动踏板上，以防止制动摩擦片过热，甚至烧坏。

（2）紧急制动。紧急制动是指驾驶员在驾驶农用运输车的过程中，遇到紧急情况时迅速采取的制动措施，在最短距离内停车，以免发生事故。

紧急制动时，手紧握方向盘，迅速放开加速踏板，并立刻用力踩下制动踏板，同时踩下离合器踏板，并拉紧手制动杆，强迫农用运输车立刻停住。

但是，紧急制动时，容易造成农用运输车的"甩尾"，使得车辆失去控制而发生危险，同时也会造成零部件的严重损伤。因此，紧急制动只有在危急情况下才可采用。

7. **正确停车**　需要停车时，应先减小油门，让车速降下来，然后踏下离合器踏板，同时将变速杆拨到空挡位置，再踏下制动踏板，即可停车。

如果需要较快地减速或停车时，可减小油门，使车速降低，先轻踏制动踏板，将变速杆拨到空挡位置，再加大制动踏板力即可使车辆停下来。特殊情况下需紧急停车，可将熄火手柄拨到停车位置。

停车后拉起制动手柄，将变速杆放到Ⅰ挡或倒挡，防止运输车自行滑动，在坡道停车时，应在后轮垫上三角木或石块。

停车后等发动机怠速运转2~3分钟才能熄火，停车后应关上电源开关。

天冷时，停车时间较长（1天以上）时应放净冷却水，以免冻坏柴油机零部件，但不可热机放水，应使水温降至50~70℃时放水。

8. 正确倒车 当需要倒车时，应踏下离合器踏板，使离合器彻底分离，将变速杆挂到空挡位置，待车辆完全停下来再挂倒挡，然后缓慢地松开离合器踏板，即可实现倒车。

由于倒车行驶时，转向操作视线受到限制，倒行的方向与位置难以掌握。因此，倒车时，首先显示倒车信号，鸣喇叭，看清周围道路及环境情况，选取一定的目标作为参照物，并注意前后有无来车。然后把变速杆挂入倒挡。倒车时要保持车速稳定，且不应超过5千米/时。在倒车中，如果因地形等情况限制，须反复前进及后退操作时，应在每次后退或前进的时候，迅速回转方向盘，为下次后退或前进做好转向准备。不应该在机车停止后强力转动方向盘，以免损坏转向机构。

9. 正确选用柴油 依据当地气温特点，冬季选用-35~-10号柴油，夏季选用+10号柴油，昼夜温差大时选用0号柴油。

（二）农用运输车安全使用

1. 水箱"开锅"时不要盲目拧开水箱盖　发动机水箱"开锅"时，若急需打开水箱盖，应先拧开放水开关，使一部分水蒸气排出，以降低冷却系统的压力，然后用布裹住水箱盖，将脸和身体侧开，慢慢拧下，以防蒸汽突然喷出把人烫伤。

2. 不要用嘴吸取防冻液　配制或加注防冻液时，一定要将手洗干净，严禁用嘴吸防冻液，以免中毒。防冻液中毒后，一般 10～12 小时人感觉不到任何反应，但 3～5 天后毒素会损伤肾脏，如果病情恶化，还可能导致中毒死亡。

3. 配制电解液时不要将蒸馏水倒入浓硫酸中　配制电解液时，绝对禁止将蒸馏水倒入浓硫酸中，必须将硫酸缓慢倒入蒸馏水中。

此外，由于蓄电池充电时会产生氢气和氧气，遇到火源极易爆炸。因此，在蓄电池充电过程中，禁止利用导线对极桩做短路实验。拆卸蓄电池时，应首先拆下地线；装蓄电池时，应最后连接地线。

4. 装配轮胎后不要盲目充气　在对刚装配好的农用运输车轮胎进行充气时，应在轮辐孔内穿入一根足够强度的钢管或铁棍，锁住锁圈和挡圈，并将挡圈朝向地面或墙壁，以防锁圈、挡圈在充气过程中弹出伤人。

5. 拉紧手制动器后不要拆卸传动轴　若农用运输车停在斜坡上，拉紧手制动器便拆卸传动轴很不安全。因为农用运输车能在坡上停住，是依靠手制动器和挂挡所产生的制动力来维持的，而这两种力又是通过轴传递到后轮。一旦传动轴被拆掉，后轮的制动作用即被解除，农用运输车就会溜坡。因此，在拆卸农用运输车传动轴时，除了拉紧手制动器，还必须用三角木等物体将车轮塞稳。

6. 底盘出现故障后不要盲目下车检查　农用运输车上坡时，

若听到底盘发出"当当"的响声,随之不能前进。这时,驾驶员千万不要认为已经拉紧手制动和挂低速挡即可下车检查。因为农用运输车出现这种故障往往是传动系统某处出现了切断现象。若断开处发生在手制动盘以后,如主减速器齿轮铆钉被切断、后半轴被折断等,则拉手制动器和挂低挡都不起作用。只能利用脚制动,先将车停住,然后设法将车轮塞稳,才可进行检查。

7. 排气管出现排水滴现象时不要强行启动发动机 如果发动机刚启动时发出"突突"的声音,且排气管有水滴出现,发动机运转一阵又恢复正常,以后又发现散热器的水少了许多。出现这种现象,往往是气缸垫水道孔与气缸有轻微串通,致使冷却水渗入气缸内造成的。

有时,驾驶员在行车途中熄火停车半小时以后,再启动时突然出现用电动机或手摇手柄都不能转动曲轴的现象。这是因为某缸活塞正处在进气终了下止点位置,冷却水经气缸垫密封不严处进入气缸,下一行程是压缩行程,由于水不能被压缩而出现上述现象。此时,如果用外力强行使发动机转动,易造成严重事故。

8. 未查明"飞车"故障原因不要启动 柴油机"飞车"时应立即采取以下紧急措施。

(1) 停油。将停车手柄或调速手柄放在停油位置。

(2) 断油。单缸机可松开高压油管,多缸机可松开喷油泵进油管。

(3) 断气。封闭进气管,断绝新鲜空气。

(4) 减压。给发动机减压,降低气缸压力。

(5) 增荷。挂挡制动,增加负载。遇到发动机出现"飞车"故障时,司机应根据情况采取某项措施或多项措施并用。在未找到原因排除故障之前,不应盲目启动。

（三）农用运输车的经济驾驶

1. 正确使用轮胎 轮胎气压不够或太足都会增加耗油量，因此应该定期检查轮胎气压。

轮胎越宽，车轮阻力越大，所以一般情况下不要随意更换宽轮胎，否则只会增加油料的消耗。

旧机车的轮胎和驾驶盘往往会失准，也会增加油耗，应注意调准。

2. 合理负载，避免"小马拉大车" 有的驾驶员为多装货物而自行改制拖车，以致增加机车行驶时的气流阻力；在空车行驶时会加大车身负重，增加油耗。

只要柴油机不超负载，装载的货物越多、越重，耗油就越低，越省油。所以，要尽可能满载。

尽量减轻车的负载，多余的东西都会增加车的负担，增加耗油量。

3. 正确控制油门 在启动时，如果一开始用大油门启动，往往启动不着，一般气温在15℃以上时，启动油门控制在略高于怠速油门为好。在15℃以下时启动，一开始不供油，空转曲轴数圈，感到轻松后再加小油门启动，这样可降低油耗，利于启动。另外，当发动机连续3次启动不着时，应停止启动，找出原因后再启动。否则，连续多次启动，气缸里喷入的燃油过多，不仅浪费燃油，而且将进一步增加启动的困难。

中速行驶更省油，车速过高或过低都会使耗油量增大。对一般四轮农用运输车而言，时速50~70千米是最省油的，时速每增加1千米，就会使耗油量增加0.5%。

当机车负载轻，路面不平，交通流量不大的情况下采用高挡小油门，不仅可减少机车震动，而且还可以降低耗油量。

当机车满负载，路面平坦，视野良好，交通流量不大的情况下行驶时，应尽量采用高挡大油门。此时车速快，生产率高，耗油量也少。同时，发动机温度正常，燃烧完全，气缸积炭较少。

机车满负载，在坡度不大的路面上坡行驶时，应提前换用低挡并适当加大油门，禁止中途换挡。采用低挡大油门，不仅减少上坡冒黑烟与气缸积炭，而且可以防止上坡途中熄火的危险。

在满负载时下坡路段采用低挡小油门，能达到节油的目的。但应注意的是：下坡时不准熄火滑行，不准空挡滑行，根据情况可间歇使用制动器，同时注意不可"刹死"。

机车即将到达目的地时，应适当减小油门或关闭油门，利用机车行驶时的惯性力，即使熄火时仍可继续行驶一段距离，以达到节油的目的。

4. 正确使用制动　行车中，在保证安全的前提下，尽量不用或少用制动。

制动时，先减小油门，后分离离合器，再平稳地踩下制动踏板。若遇紧急情况，可同时踩下离合器与制动踏板，但不准使用手刹。要定期检查并调整制动踏板的自由行程，使左右制动一致，以防因偏刹或制动失灵而引发事故。还要及时更换老化失效的车轴油封，以免因漏油而玷污摩擦片，从而导致制动失灵。轮胎应定期交叉换位使用，才能保证全车各胎的均匀磨损，并延长其使用寿命。

（四）夏季农用运输车的使用

1. 防止发动机过热　由于夏季气温高、散热慢，极易导致发动机过热，不及时正确处理和预防，会使功率下降、磨损加剧，甚至损坏零部件，发生烧瓦、粘缸等事故；若处理不当，还会发生机体、缸盖等重要零部件炸裂的严重事故，甚至伤人。

（1）发动机不要长时间超负荷运转。夏季高温炎热、发动机冷却能力下降，如果再长时间超负载，则发动机温度过高而导致过热。

（2）及时补充冷却水。高温天气，冷却水蒸发快，极易出现水量不足。因此要经常检查补充冷却水，并要消除漏水现象。

（3）确保冷却系统技术状态良好。为保持冷却系统的正常状态，要及时调整风扇皮带的松紧度，防止皮带打滑而降低冷却效果；要清除冷却系水垢。在将要进入夏季时，进行一次清除水垢的保养。

（4）调整气门间隙。在夏季，要适时调整气门间隙，尤其要保持排气门的间隙正常，防止因磨损而出现气门间隙变大而导致气门开启变小，形成排气阻力大、废气排不净而出现发动机过热的现象。

（5）清除燃烧室积炭。在入夏前应进行一次燃烧室内积炭的清除。

2. 及时排除漏气现象　气缸漏气，比如气缸垫损坏，或缸盖螺母没拧紧，废气通过间隙处排出，或进入水套等处造成发动机温度升高。排除与预防方法是，及时更换损坏的气缸垫，根据不同原因，排除漏气现象。

3. 更换夏季用的油料　气候炎热会使机油黏度降低，流动性过大，形成零部件润滑不良、磨损加剧，甚至造成烧瓦、抱轴、拉缸等事故。因此，入夏前必须更换黏度大的机油。此外，为了提高经济性，夏季应换用低号轻柴油或便宜的农用柴油。

4. 防止轮胎爆裂　夏季轮胎的充气压力应适当比标准压力稍低些，同时注意轮胎休息降温，但绝不能用冷水浇泼的方法去降温，以防损坏。

5. 调整蓄电池电解液密度　夏季用车，应将电解液密度降至1.25 克/厘米^3。

另外，夏季气温高、电解液蒸发快，容易出现电解液不足而使上部极板氧化失效。所以，还必须经常检查液面高度，不足时添加蒸馏水补充，但不能加电解液补充，以免密度增高而损伤蓄电池。同时，还应经常疏通气孔，防止爆裂。

6. 防止高温产生气阻　炎夏高温，油管内易产生油气、水汽而阻断油路，致使油路气阻。若刹车油管气阻，会形成刹车失效；若燃油管气阻，导致供油失常，发动机无力，乃至熄火。

预防气阻的措施：

（1）排净油中水分和沉淀物。

（2）经常排净管路中的气体。

（3）避免油管等处于暴晒位置，设置遮盖物防止阳光暴晒。

（4）消除管路泄漏，以免气体进入油管。

（5）油管要远离排气管、发动机等热源。

7. 防止零部件磨损加剧　高温时，机油流动性好，在摩擦面上也极易流失，特别是机车长时间停放时，零部件表面的余油几乎流净，当启动时已呈干摩擦状态，因而磨损增大。

防止干摩擦的方法：夏季启动前，摇转曲轴使之消除干摩擦启动。对于只停车一夜的机车，可摇曲轴20圈左右，对长期停用的、新购买的，或润滑系统保养后的发动机要至少摇100圈以上，才能消除干摩擦启动。

（五）冬季农用运输车的使用

1. 农用运输车启动　冬季气温下降，会遇到难以启动的问题，有时根本无法正常启动，只好采用开水烫、明火烤、人力推等办法。这样做会加速车辆零部件的损坏，并且极易造成安全事故。因此，根据具体情况，采取相应的措施，就可解决问题。

（1）做好换季保养。在全车保养的基础上，重点做好发动机的保养，对各系统及油泵、喷油器、气缸、活塞、进排气门等零部件进行试验和检测，磨损严重的进行修复或更换，供油提前角、配气相位、气门间隙等方面应严格调整到标准状态。

（2）使用高级润滑机油。冬季，冷车启动阻力主要来自黏稠的机油，启动力无法克服机油阻力而使发动机达到启动转速。目前各大炼油厂都生产高级机油，其中添加有减磨剂等成分，其低温流动性好，启动阻力很小，而且润滑效果好，可延长零部件使用寿命。

（3）恢复预热装置。一般，农用运输车配装的多缸发动机都配有预热启动装置。有的车辆预热装置损坏后没有修复，有的车辆在检修时拆除了预热线路，但是冬季一定要恢复使用，以改善启动效果。

（4）定期保养电启动装置。随时观察仪表，让电瓶正常充电；拧紧电瓶等线路接头，保持电路接触良好；定期保养电动机，保持其良好的工作性能。

2. 农用运输车冬季用水　冬季天气寒冷，农用运输车工作条件恶化，如果使用冷却水不当，容易使机体受到损害。因此，农用运输车冬季用水应注意以下事项。

（1）不要先启动后加冷却水。农用运输车启动后，发动机机体温度急剧上升，燃烧室瞬时温度可达100℃以上。若此时向水箱内加冷水，容易使机体、气缸套、缸盖及涡流室镶块因骤冷而产生裂纹，活塞、连杆等也会变形。正确的方法是，在启动前向水箱内加注80℃热水。

（2）作业结束后不要急于放水。冬季气温低，室外温度一般为0℃以下，北方气温会更低，农用运输车作业完毕，如果刚熄火就放掉冷却水，此时由于机体温度高达90℃左右，与外界温差大，会因冷却速度过快而造成水箱、发动机零部件、气缸盖等开裂。正确的方法是，让发动机怠速运转 5~6 分钟，待机体温度降到 50~60℃ 才放掉冷却水。

（3）要注意观察放水情况。农用运输车长期使用，水垢、杂质等容易沉积于放水开关里，造成开关堵塞，致使冷却水放不尽，从而造成发动机冻裂。因此，冬季农用运输车用后放水时，驾驶员应仔细观察放水情况，若水流不畅，应疏通放水开关，使机体内的冷却水全部放出。

（4）放水后要摇转曲轴数圈将水排净。大、中型农用运输车打开放水开关时，常常不能将水箱里的冷却水放尽，一部分冷却水还残存在水道里，仍然有冻坏机体的可能。因此，冬季在放完水箱里的冷却水后，应摇转曲轴数圈，以便将水道里的水排尽。

二、农用运输车的驾驶操作

（一）农用运输车驾驶误区

1. **开英雄车**　有的年轻驾驶员自以为技术高超，经常违章行车，超速行驶，开斗气车，而一旦遇到紧急情况，又往往因为经验不足而手忙脚乱，不知所措，导致事故的发生。

2. **开带病车**　驾驶员往往只注意多拉快跑，并不注意车辆的检修和保养，常常开带病车上路，导致零部件失灵而发生事故。

3. **疲劳驾车**　有的驾驶员致富心切，起早贪黑，常常一天到晚连续工作十几小时，紧张而单调地驾驶，身心疲惫，反应能力和处理紧急事件的能力下降，最终导致事故的发生。

4. **开超载车**　驾驶员常采用加高车厢，更换拖斗等方法超载，不但磨损加大，易致零部件失灵，而且使车辆惯性成倍增大，刹车距离大幅延长，常常导致事故发生。

5. 开思想麻痹车　有着 2~3 年驾龄的驾驶员认为驾驶不过如此，什么样的情况都可应付自如。如在下雾、雨、雪等天气或路况较差时，他们仍然十分自信。而当天气恶劣时，行人一般都穿雨具或打伞，视觉和听觉受到很大影响，对车辆的鸣号警示听不到或看不清来往车辆，当车辆靠近时已来不及避让，而此时道路泥泞，运输车的制动距离增大，驾驶员没有充分的心理准备，很可能发生事故。而在路况较差时（如有较多凸出障碍物或坑洼），行人和驾驶员都想躲避，如果驾驶员对情况考虑不周，盲目自信，常因操作失误或不及时而导致事故的发生。

6. 不按要求操作

（1）长期脚踏离合器踏板。有些驾驶员在农用运输车行驶中习惯将脚踏在离合器踏板上。但是，这样会使离合器处于半结合半分离状态，影响发动机功率传递，加剧离合器摩擦片磨损。

（2）用惯性启动发动机。有的驾驶员借挂高速挡踏下离合器滑行，速度高时猛抬离合器，依靠农用运输车的惯性来启动发动机。这样很容易损坏传动系统的零部件。

（3）油门代替喇叭用。有的驾驶员遇到行人时，不是按喇叭鸣号慢行，而是用轰大油门的办法提醒行人让路，这样会使发动机排出浓烟，污染环境，突然提高转速增加了机械磨损，还容易造成行车事故。

（4）滑行不摘挡。农用运输车滑行时不采用空挡滑行，而是把变速杆放在高速挡位置，踏下离合器切断与发动机的传动，使车辆滑行。这样使离合器分离轴承磨损加剧。下坡时，长时间踏下离合器滑行是安全操作规程上不允许的。

（5）启动后和熄火前猛轰油门。柴油车的压缩比大于汽油车，突然加大或减小油门容易引起连杆和曲轴变形或折断，增加缸套积炭，加速运动件磨损。

（6）原地死打方向盘。有的驾驶员为了机车转向到位，习惯采用原地静止时死打方向盘的办法，这样既违反操作规程，又容易使转向机构各部件损坏。

（二）农用运输车一般道路驾驶操作

1. 通过坡道或坡道停车时的驾驶操作

（1）由于柴油机和传动系统的负载都比较大，农用运输车上坡时，为保证柴油机和传动系统正常工作，应及时把变速杆拨到适当的低速挡。下陡坡时，需将变速杆拨入一挡或二挡内，这样利用发动机的压缩力作为下坡的阻力，而避免过多地使用制动器。为避免发动机的传动系统因转速过高而损坏，应断续使用制动器，以控制最高时速。

（2）严禁农用运输车高速下坡或空挡滑行下坡，尽量避免在坡道上换挡，以防换挡失败而引起后溜或下滑。通过泥泞的道路时，要用低速或中速挡行驶，尽量沿着已有车辙走，途中避免换挡或停车。

（3）农用运输车在坡道上停车，首先使发动机熄火，然后拉手制动器，将变速杆挂入倒挡。

2. 农用运输车通过桥梁的驾驶操作

（1）通过水泥桥和石桥时，如果桥面宽阔平整，可按一般行驶方法操作。如果桥面窄而不平，应提前减速，并注意对方来车，缓慢通过桥面。

（2）通过拱形桥时，应减速、鸣喇叭、靠右行，随时注意对面来车，并做好制动准备。切忌冒险高速冲过拱形桥，这样易发生危险。

（3）通过木质桥时，应降低车速，缓慢行驶。过桥前应检查桥梁的坚固情况，必要时卸下部分货物，低速行驶。前进中时刻注意桥梁受压后的情况，若听到响声，应加速行驶，不要中途停车。

（4）通过泥泞、冰雪覆盖的桥面时，为防止横滑的发生，应谨慎行驶，从桥面中间缓慢通过。若桥面太滑，应铺上一些沙土、草料等。

3. 农用运输车通过隧道或涵洞

（1）农用运输车在进入隧道或涵洞前100米左右处，降低车速，观察交通标志和有关规定，特别要注意农用运输车的装载高度是否在允许范围内，不可大意。

（2）通过单行隧道或涵洞时，应观察前方有无车辆，确认可以安全通过后，要鸣喇叭，开前后大灯，稳速行驶。

（3）通过双车道隧道或涵洞时，应靠右侧行驶，注意与来车交会，一般不要鸣喇叭。

（4）避免在隧道或涵洞内变速、停车。

4. 农用运输车田间道路的驾驶操作　一般的田间道路狭窄、凹凸不平，且地面不坚实。因此，在通过田间道路时应注意以下几点。

（1）正确判断路面情况，估计路面宽度。

（2）握紧方向盘，降低车速，根据路面状况掌握好转向时机和转向速度。如果转向过快，农用运输车易失去横向稳定性，有可能造成翻车。

（3）通过田间道路时，应靠道路中间行驶，注意土质坚硬程度，特别是有坑洼的地方。

（4）行驶时，注意观察前方有无车辆或人畜。通过前，要鸣喇叭提醒对方避让。如果前方已有车辆或人畜进入路面，要观察好路面宽度能否允许同时通过。如果不能，应选择适当地点停车，待车辆或人畜通过后再鸣喇叭进入路面；如果必须会车，尽量降低车速，交会过程中，注意掌握两车横向间距，不要乱打方向盘和使用制动器，以防农用运输车侧滑而导致事故发生。

（5）雨天行驶时，既要防止农用运输车横滑和侧滑，又要谨防车轮陷入泥坑里。在积水路段行驶时，尽量使用中低速挡，同时要稳住油门，控制好车速。通过泥泞易滑行地段时，不可换挡或突然制动，应通过放松油门来减速。

（6）在泥泞松软地段行驶时，要下车观察路面，当确定车轮不会陷入泥土中时，方可挂低挡缓慢通过。如果路面有车辙，可沿着车辙行驶。行驶中如果前轮发生侧滑，应稳定原来的行驶方向，不可减速或加速，更不能急转方向盘和紧急制动，以防加重侧滑；如果后轮发生侧滑，不要使用制动，应稳住油门，缓慢修正方向，直到解除侧滑。如果前轮引起农用运输车横滑，应放松加速踏板，然后平稳地将方向盘向前轮滑动的反向转动；如果后轮引起农用运输车横滑，将方向盘适当地转向横滑的一侧，等恢复正常的行驶方向后，再回正方向盘。

5. 农用运输车通过集镇的驾驶操作

（1）一般集镇的路面较窄，所以行驶时尽量避免超车；停车时，妥善选择停车地点，以免阻塞交通。

（2）行车时注意避让集镇路边的房屋、树枝、悬挂物等，特别是装运超宽或超高货物时，更要特别注意观察。

（3）通过集市时，应低速慢行，鸣喇叭，不能强行通过。

（4）集镇的街道一般不设人行横道，路面较窄，行人没有约束，随意横穿道路。因此，应时刻注意行人突然从车前横穿。

（5）遇到畜力车时，应在较远处鸣喇叭。靠近畜力车后不能再鸣喇叭，应缓慢通过，以防牲畜受惊乱窜而导致事故发生。

6. 农用运输车的会车驾驶操作 农用运输车行驶过程中，经常会遇到与对方来车相会的情况。交会时，除了遵守交通规则，还应注意以下事项。

（1）会车前应看清对方来车情况（如对方是大车还是小车，有无拖挂等），前方道路的交通情况，然后适当减速，选择较宽阔、坚实的路段，靠右侧行驶并鸣喇叭。

（2）会车时，应做到"先慢、先让、先停"，同时要注意保持车辆横向之间的安全距离以及车路与路边之间的安全距离。

（3）当对面出现来车，而自己前方右侧又有障碍物或非机动车辆时，应根据车辆与障碍物的距离、车速及路况来确定是否加速超车或减速等，以免三者挤在一起而发生事故。

（4）应主动让路，不得在道路中央行驶，不得在单行道、小桥、涵洞、隧道和急转弯处会车，不得在两车会车时采用紧急制动。

（5）夜间会车时，要在距对方来车150米以上时，将前大灯远光改为近光，不准用防雾灯会车。

（6）在雨、雾、阴天或黄昏等视线不好的情况下会车，应该降低车速，打开大灯近光，并适当加大两车横向距离，必要时应主动停车避让。

7. 农用运输车的超车驾驶操作

（1）超车时，应选择路面宽直、视线良好、道路两侧无障碍物，对面150米以内无来车的地点进行。

（2）超车前，先向前方左侧接近，并鸣喇叭告知前车，夜间还应断续开闭大灯示意，待前车减速后，再从前车左侧快速超越。超越后，必须继续沿着超车道前行，待与被超车辆相距 20 米以上时，再驶入正常行驶路线。

（3）在超越停放车辆时，应减速鸣号，保持警惕，以防停放车辆突然起步，或车门突然打开等情况。还应注意停车处突然出现横穿公路的人、畜。

（4）以下情况不允许超车。

①在超越区视线不清，如风沙、雨雾、冰雪较大时。

②在狭窄或交通繁华的路段上，在泥泞或冰滑的路段上。

③在交叉路口、转弯道、坡道、桥梁、隧道、涵洞，或与公路交叉的铁路等地段，以及有警示标志的地段等。

④距离对方来车不足 150 米时。

⑤前方已经发出转弯信号或前车正在超车时。

8. 农用运输车的让车驾驶操作　农用运输车行驶中要时刻注视后方有无车辆尾随，如果发现有车辆要求超越时，应根据道路及交通情况确定是否让其超越，而且应做到以下几点。

（1）严格遵守交通规则中关于让超车的规定。

（2）让车时，应减速靠右避让，不得让路不减速，更不得加速竞驶或无故压车。

（3）在让车过程中，如果遇到障碍物，应减速停车，不得突然左转绕过障碍物，以防与超车相撞。

（4）在让车过程中，要照顾非机动车辆的行驶安全，不要给非机动车辆造成行驶困难。

（5）让车后，确认无其他车辆继续超车时，再驶入正常行驶路线。

（三）农用运输车特殊情况的驾驶操作

1. **到急转弯时** 急转弯行车时，通常存在着视线盲区。因此，必须降低车速至 20 千米/时，鸣喇叭，靠右行驶，严禁抢占车道或快速行驶。

2. **遇到坡道时**

（1）农用运输车上坡时，驾驶员看不到前方道路，出现短暂的视线盲区。此时，驾驶员应该减速靠右慢行，防备坡顶道路转弯或反向来车。

（2）在距离坡顶 50 米以上完不成超车过程时严禁超车。

（3）上坡时要掌握换挡时机，换挡过早不能发挥其动力性能，换挡过晚则使发动机超载，造成换挡困难。

（4）下坡时严禁空挡滑行，不可超车，不可在下坡转弯处使用紧急制动，以免侧滑。

3. **在雨雾冰雪中**

（1）雾中行车，应打开小灯和防雾灯，降低车速，经常鸣喇叭。遇浓雾时，应靠路边暂停，注意打开示宽灯，待雾消退时再继续行驶。

（2）雾中行车，应与车辆或行人保持足够的距离，并严禁超车。

（3）冰雪路面的附着系数小，车轮容易空转和侧滑。因此，通过冰雪路面时，应注意地形，选择安全行驶路线，并在驱动车轮上安装防滑链。在行驶中，注意不要急踩或猛抬加速踏板；减速时，尽量利用发动机的牵阻作用，少用或不用制动器，严禁采取紧急制动；转弯时，要增大转弯半径，不要急转方向盘，以防产生侧滑；会车要选择安全地段，提前避让，与前车间隔距离应在 50 米以上，以确保行车安全。

（4）雨雪后，应注意路基是否完好，会车或暂停时要选择好路面，不要太靠路边行驶。

（5）在冰雪山区的道路上行车时，遇到前车正在爬坡，后车应选择适当地点停车，待前车通过后再爬坡。

4. **方向失控的应急处理**　如果遇到方向失控，切不可用减小油门、单边制动的方法勉强行驶。驾驶员应关闭油门，用脚制动不要过猛，以防因制动过急使车辆"甩尾"。用脚制动时，根据情况还可以采用手制动。同时，不管转向系统是否有效，都应尽可能将方向盘向有天然障碍物的方向转动，以达到路边停靠应急脱险的目的。

5. **脚制动器失灵时的应急处理**　如果行驶时感觉脚制动器有失灵变化，应及时停车检查，并排除故障。下坡时，脚制动器发生故障，应沉着处理，可用挂挡的方法来增加发动机的牵制作用，进行制动。同时，要灵活正确地掌握方向盘，再用手制动。

6. **爆胎时的应急处理**

（1）如果前轮爆胎，会造成农用运输车向爆胎一侧跑偏。此时应用力控制方向盘，松开油门踏板，使车辆平直减速，利用滚动阻力使车辆自行停止。绝不可急于使用制动，以免加剧农用运输车的跑偏。

（2）如果后轮爆胎，会发生车尾摇摆，但方向一般不会失控，可反复缓踩制动踏板，将车辆停住。

7. **坡道失控时的应急处理**　农用运输车在坡道上出现失控下滑时，应尽力用手制动和脚制动停车。如果停不了车，应根据下滑坡道上的不同情况，采取不同措施。

（1）如果坡道不长，路面宽阔，又无其他车辆，可打开车门侧身后视操纵方向盘，控制农用运输车朝着安全方向倒溜，待到平地后再设法停车。

（2）如果地形复杂，后溜有危险时，应把车尾靠向山的一侧，使车尾抵在山石上而将车辆停住。此时，方向盘不可转错方向，以免发生车祸。

总之，农用运输车坡道下滑失控时，一旦制动器失灵，应灵活地利用天然障碍物，给车辆造成下滑阻力，以减弱车辆的惯性力。

8. 侧滑时的应急处理　农用运输车在泥泞道路上行驶，后轮发生侧滑时，应将方向盘向后轮侧滑的方向转动，使后轮摆回路中，然后回正方向盘继续行驶。制动侧滑时应注意，方向盘不要转错方向，以免加剧后轮侧滑的程度，甚至造成车身大回转的现象。

第二节　农用运输车的保养及故障维修

一、农用运输车的保养

（一）技术保养

针对农用运输车零部件技术状态恶化的原因、规律，以及工作介质消耗的程度，适时采取清洗、紧固、调整、更换和添加等维护性措施，以保证零部件的正常工作性能和运输车的正常工作条件，此即农用运输车的技术保养。通过技术保养，可减缓零部件技术状态的恶化速度，延长其使用寿命；及时消除隐患，防止事故发生。

由于具体结构不同，特别是一些需要调整的部位及参数不同，因此技术保养的内容也有差异，必须根据每种机型的说明书进行保养。这里介绍的是一般的技术保养规程。

技术保养分为每日保养、一级保养、二级保养、三级保养和换季保养。可根据农用运输车的使用状况、运行环境和实践经验适当调整保养周期和内容，但以缩短周期，勤保养为宜。

1. 每日（班次）技术保养

（1）出车前的检查内容。

①检查并紧固外露螺栓，特别应注意前后轮、柴油机与车架及钢板弹簧骑马螺栓的紧固情况。

②检查整车有无异响及漏油、漏水、漏气等异常现象，若有异常应查明原因后排除。

③检查燃油、机油和冷却水，不足时添加。检查进、排气管及油管接头等处的密封情况，必要时予以紧固。

④检查离合器和制动器，以保证其工作可靠。

⑤清除各处泥土、灰尘及油污，检查各加油处通气孔，并保证其畅通，根据规定向润滑点加注润滑脂或润滑油。

⑥检查减震器及转向轴承，应灵活无阻滞，保证转向机构的工作可靠。

⑦检查轮胎气压是否足够，不够应补足。检查灯光、喇叭、刮雨器、指示灯等是否正常。

⑧检查随车工具、附件是否齐全。

⑨检查装载是否合理、安全可靠。

（2）途中检查内容（行驶 2 小时左右时进行）。

①行驶中注意各仪表、柴油机和底盘各部件的工作状态。

②停车检查轮毂、制动毂、变速箱和后桥的温度是否正常。

③检查机油、冷却水等是否有渗漏现象。

④检查传动轴、轮胎、钢板弹簧、转向和制动装置的状态及紧固情况。

⑤检查装载物的状况。

（3）停车后保养内容。

①清洁车辆。

②检查风扇皮带的松紧度。用指头按下皮带中部，能按下 15～25 毫米为正常。

③冬季放掉冷却水（未加防冻液时）。

④切断电源。

⑤排除故障。

2. 一级技术保养　一般，一级技术保养是在农用运输车每行驶 2000～2500 千米或每工作 100 小时时进行的保养。其主要内容如下。

（1）完成每班技术保养的各项目。

（2）清洗空气滤清器并换油。

（3）清洗机油滤清器和柴油滤清器，柴油输油泵滤网等，必要时更换滤芯。

（4）检查蓄电池内的电解液密度和液面高度，不足时应补充，保持加液口盖上的通气孔畅通；紧固导线接头，并在接头处涂上凡士林。

（5）清除发动机及启动电机炭刷和整流子上的污垢，检查启动电机开关的状态。

（6）检查散热器及其连接软管的固定情况。

（7）检查、紧固转向系统；检查方向盘的自由转角，必要时调整转向器间隙。

（8）检查离合器踏板及其制动器踏板的自由行程，必要时进行调整。

（9）更换发动机冷却水。

（10）检查变速箱、后桥的齿轮油油面，不足时应补充。

（11）检查钢板弹簧有无断裂、错位，紧固螺栓是否完好。

（12）检查离合器、变速箱、发动机、驾驶室、车厢等的固定情况。

3. 二级技术保养 一般，二级技术保养是农用运输车在每行驶8000~10000千米或每工作200小时时进行的技术保养。其主要内容如下。

（1）完成一级保养规程的内容。

（2）检查链条、三角皮带、离合器摩擦片和制动蹄片的磨损情况，必要时更换。

（3）检查各轮毂轴承，调整间隙，加注润滑脂。

（4）清洗柴油箱、曲轴箱、油底壳和变速箱，并换加新油；检查各处油封的密封情况，必要时更换。

（5）检查、清洗前叉减震器，检查衬套磨损情况及油封密封情况，必要时更换。

（6）清洗柴油机连杆轴颈内腔，并冲洗油道。

（7）清除柴油机排气管内积炭。

（8）清除柴油机机体、气缸盖水道内的水垢。

（9）检查、调整气门间隙。

（10）检查、调整离合器分离杠杆与分离轴承的端面间隙。

（11）检查液压系统接头紧固情况，清除各部件上的积尘。

（12）检查轮胎胎面，并将全车车轮换位。

4. 三级技术保养　一般，三级技术保养是农用运输车在每行驶24000~28000 千米或每行驶 800 小时时进行的技术保养。其主要内容如下。

（1）完成二级技术保养规定的项目。

（2）拆卸并用柴油清洗各总成零件，主要有箱体、拨叉、拨叉轴、齿轮、轴承及油封等，发现磨损严重或损坏者，应予以修复或更换（粉末冶金零件在修理保养时应用机油清洗，不能用柴油或汽油清洗）。

（3）检查减震器弹簧和拨叉弹簧，必要时更换。

（4）检查并调整柴油机的配气相位及供油提前角。

（5）清除气缸盖积炭，检查气门密封性，必要时更换气门座镶圈，研磨气门。

（6）检查活塞、活塞环及涡流室镶块，必要时更换。

（7）检查连杆螺栓的紧固及锁紧情况。

（8）检查、调整连杆轴承和曲轴轴承的径向间隙，以及曲轴的轴向间隙。

（9）检查活塞和活塞环，并测量气缸磨损情况，必要时更换。

（10）全面检查调整电气系统，必要时进行修理或更换。

（11）检查全部电气系统工作是否正常。

（12）检查各车轮摆动情况，必要时调整。

（13）检查轮胎磨损情况，必要时更换。

（14）拆检变速箱和后桥，检查各齿轮啮合及磨损情况，检查滑套及花键轴的磨损情况。

5. 换季保养　换季保养是根据不同季节及气温，对农用运输车更换相应牌号的柴油、润滑油、齿轮油，使其在该季节条件下正常工作。

（1）夏季保养。

①清洗发动机水套，清除冷却器水垢。

②换用夏季润滑油。

③调整发电机电压调节器，适当降低充电电压。

④清除轮毂轴承，并换上凝点较高的润滑油。

⑤适当降低电解液密度并清理蓄电池通气孔。

（2）冬季保养。

①换用冬季润滑油。

②拆检气缸体和散热器的放水开关，清通水道。

③调整发电机电压调节器，适当增大充电电压。

④清洗轮毂轴承，并换上凝点较低的润滑油。

⑤调整蓄电池电解液密度，适当增高电解液密度。

6. 技术保养注意事项

（1）按照技术规程保养。农机手应当遵照技术保养规程，按时、按级、按项、按质进行保养。一般情况下，不应任意削减保养项目，或任意延长保养周期，以防因保养不及时而造成严重故障或重大事故。

（2）区别不同情况。由于每台车的使用条件不同，使得其技术状态受到的影响程度有所差别。这样，就应根据农用运输车的具体状况，对技术保养规程进行适当的变动。例如，在多风沙季节时，空气滤清器的保养周期就应适当缩短；采用高品质润滑油且车辆技术状态较好时，润滑油的更换周期可适当延长。

（3）突出"三滤"保养。"三滤"（空气滤清器、柴油滤清器和机油滤清器）的技术状态和工作性能对柴油机的精密偶件和重要零部件的磨损情况影响较大，故应重视"三滤"的保养。不仅要清洗彻底，而且保养后要正确装配，特别要注意密封垫是否完整、齐全，安装是否正确。

（二）农用运输车的封存保养

1. 封存保养的必要性

（1）闲置期间，某些自然恶劣因素对农用运输车的影响更加强烈。例如，当车辆所有部件停止运转时，依靠液体流动润滑的运动配合件的工作表面由于缺乏充分的油膜保护，会产生磨蚀，甚至出现严重的锈斑或金属剥落现象。

（2）精密偶件由于长期在某一位置静止不动，会产生胶结和卡死，以致报废。

（3）各种流通管道和控制阀门等也容易产生阻塞或卡滞现象。

（4）闲置期间，大气中的水和灰尘容易侵入机器内部，使零件受到污染和锈蚀。

（5）在阳光照射下，橡胶件极易老化变质。

（6）轮胎若长期以某一部位承受其重力，易使胎体因局部长期挠曲而产生损伤等。

因此，车辆长时间闲置时，必须进行科学的保管和专门保养。

2. 封存保养要点

（1）停车后放出柴油、润滑油及冷却水，并清洁整车。

（2）将 1.2 千克润滑油加热至 120℃，至泡沫完全消失为止，即成为无水机油。将其加入曲轴箱，摇转曲轴数圈，使润滑油到达各运动件表面，然后将剩余润滑油放出。拆下摇臂盖，将无水机油涂抹在摇臂、摇臂轴、气门弹簧等零件上。

（3）将车架起使轮胎离地，若达不到，可适当提高轮胎气压，定期改变轮胎的着地部位。

（4）使离合器踏板及制动踏板处于自由状态，变速操纵手柄处于空挡位置。

（5）将蓄电池拆下，按照蓄电池的存放要求处理。

（6）用黄油或塞子堵住各零部件孔口。

（7）车辆放置于通风良好、干燥清洁的棚内，避免与酸、碱或腐蚀性物质接触。如果不得不露天存放，需用篷布遮盖，并远离火源。

二、底盘常见故障及排除

（一）传动系统故障及排除

1. 离合器故障及排除

（1）离合器打滑。

①故障现象。农用运输车起步困难，有负载或负载较大时不能正常起步。正常工作时，外界负载稍有增加，农用运输车行走速度立刻降低，严重时不能前进，而此时发动机工作正常，无超负荷、冒烟等现象。离合器打滑，从动片烧损，主离合器检查窗冒烟，并能闻到一股烧焦的气味。

②故障诊断与排除。检查和调整离合器踏板自由行程。首先，离合器操纵系统不同，其踏板自由行程调整方法也不同。对杆式操纵系统，用改变踏板拉杆长度的方法来调整踏板自由行程；对拉索式操纵系统，可用改变拉索长度的方法来调整其自由行程。其次，车型不同，踏板自由行程标准值也不相同。检查和调整离合器分离杠杆，将各分离杠杆内端面或膜片弹簧内端面调整到与飞轮平面平行的同一平面内，同时分离杠杆内端面高度应符合要求。分离杠杆高度可通过旋动调整螺钉进行调整。调整分离杠杆高度时，其踏板自由行程也会随着发生改变，因此还应同时进行调整。离合器与飞轮连接螺栓松动时，应拧紧；压盘或飞轮表面翘曲变形的，应校正或更换。离合器压紧弹簧过软或折断，应更换。离合器从动盘衬片有油污，可进行清洗；油污过多时，则应进行更换；磨损过度、烧焦、硬化、铆钉露头等情况，均应更换。

（2）离合器分离不彻底。

①故障现象。机车起步时，将离合器踩到底仍感到挂挡困难；或勉强能挂挡，而离合器踏板尚未完全放松，使得农用运输车前移或发动机立即熄火。行驶中，农用运输车挂挡困难或挂不上挡，同时变速器内发出齿轮撞击声。

②故障诊断与排除。首先检查和调整离合器踏板自由行程和分离杠杆高度。若发现个别分离杠杆弯曲、折断，分离杠杆支架松动、折断、支架销脱出等，应更换新件，并重新进行调整。以上各项检查均正常时，可进一步检查从动盘是否翘曲变形、摩擦片是否破碎、铆钉是否松脱、压紧弹簧有无折断等，必要时应予以修复或更换。检查从动盘花键能否在变速器 I 轴上自由滑动。若键槽与键齿锈蚀，应先予以除锈清洁；仍不能修复时，则更换新件。让机车起步前进或倒退，检查离合器分离情况。若离合器分离不彻底现象时有时无，

则为发动机前后支承固定螺栓松动，应加以紧固。

（3）离合器发抖。

①故障现象。当离合器开始接合，农用车将要起步时，农用车车身产生震动现象，这就是离合器接合时发抖。

②故障排除。更换新摩擦片，调整压盘弹簧压力和分离杠杆高度。用汽油清洗油污，除去杂质。更换新摩擦片、铆钉，或重新铆正。修理或更换从动盘。

2. 变速箱故障及排除

（1）挂挡困难或不能挂挡。

①故障现象。踩下离合器踏板到最低位置，扳动变速杆换挡时，感到挂挡费力，或挂挡时有打齿声，严重时挂不上挡。

②故障排除。按照"离合器分离不彻底"所述方法排除故障。校正弯曲变形的变速杆。用油砂石修去齿轮端面上的毛刺，磨损严重时要更换齿轮。修复花键轴，必要时更换。检查并拧紧拨叉上的螺钉，校正已经变形的拨叉，必要时更换拨叉组件。校正已变形的拨叉轴。堆焊修复严重磨损的拨叉轴定位槽，必要时更换拨叉轴和定位钢球。

（2）自动脱挡。

①故障现象。行驶中的农用运输车出现发动机转速突然升高，车速变慢而停车，变速杆自动移入空挡位置。这种现象往往在大负载运行时出现。

②故障排除。更换定位弹簧；更换拨叉轴；修复换挡杆球头，必要时更换；修复轴承或轴承座，必要时更换；更换变速轴。

（3）乱挡。

①故障现象。工作中，变速杆不能退出挡位，也不能按需要的挡位方向拨动，变速杆不能放到空挡位置或同时挂上两个挡位，而

使发动机不能启动或熄火。

②故障排除。检查齿轮位置，必要时可拨正齿轮位置；如果换挡轴行程限止片断裂，更换新件；由于操作不当，使限止片弯曲的，可校直限止片，并注意正确的操作方法。

（4）变速箱响声异常。

①故障现象。在行驶或停车时，变速箱会发出噪声；在行驶时，车速越快噪声越大。

②故障排除。（检查齿轮综合间隙角）齿面有毛刺的去毛刺；齿面严重磨损、剥落的则更换齿轮；要选用牌号合适的齿轮油，定期检查、更换齿轮油；轴承磨损、齿轮轴变形时应修复或更换。

（二）转向系故障及排除

1. 自动跑偏

（1）故障现象。方向盘（把）居中固定行驶时车辆自动跑偏，不能直线行驶；正常行驶时，突然向某一侧跑偏，或盘（把）上感觉到经常有向某一侧跑偏的趋势。

（2）故障排除。

①使用规格或磨损程度一致的轮胎。

②平时注意检查轮胎气压，及时按标准充气且使左右轮胎气压一致。

③及时检查车轮定位参数并予以适当调整。

④检查、校正前轴或车架使用中的变形情况。

⑤检查、调整及校正转向机构中零件的间隙、变形等。

⑥注意、调整制动器、轴承松紧。

⑦检查两侧板簧是否有折断或弹性不一致的情况，如果有，及时更换成弹性一致的板簧。

2. 转向沉重

（1）故障现象。车辆行驶左右转弯时，转动方向盘感到沉重费力。

（2）故障排除。

①将转向摇臂拆下，转动方向盘时，如果仍然感到沉重，一般是转向器内部的故障。如蜗杆上下轴承调整过紧或轴承损坏；蜗轮与蜗杆啮合过紧；转向摇臂轴与衬套间隙过小。

②在转动方向盘时，若听到有刮碰的响声，一般是由于转向弯曲或管柱凹瘪，造成相互刮碰，也可能是转向轴碰磨管柱而引起的。

③将转向臂拆下，转动方向盘，感到轻便灵活，则说明转向器无故障。这时应用千斤顶顶起前轮，用手左右扳动车轮，若扳不动或虽能扳动但感到很吃力，则转向沉重的原因可能是：转向节止推轴承缺油或损坏；转向节主销与衬套装配过紧或缺油；拉杆螺塞旋得过紧或拉杆头缺润滑油。

④若上面检查均属良好，则应检查横拉杆是否弯曲，前轴和车架是否变形，前轮定位是否不准以及轮胎气压是否过低。

3. 转向失灵

（1）故障现象。车辆在行驶中，方向盘抖动，前轮摇摆，严重时方向盘难以控制。

（2）故障排除。一个人转动方向盘，另一个人在车下观察，若方向盘转动而转向臂并不转动，则故障在转向机构本身，应检查蜗杆上下轴承间隙和蜗杆与蜗轮的啮合间隙是否过大；左右摆动方向盘，凭感觉来判断蜗杆与蜗轮的啮合间隙是否过大。

上下来回推拉方向盘，凭感觉来判断转向器蜗杆上、下轴承的间隙是否过大，若过大则应调整。

一个人转动方向盘，另一个人在车下观察，若转向臂转动而前轮不偏转，则应检查转向臂和横直拉杆各球节是否松旷，必要时应进行调整。然后架起前轴并用手推动轮胎，检查转向节主销与衬套的间隙是否过大，前轮轴承是否松旷。

检查前轮毂是否拱曲。可先将前轮架起，在轮毂旁放一划针（没有划针，也可用铁丝放在砖头或木头上），然后转动车轮，将划针靠近轮毂，看拱曲程度，一般不应超过3~5毫米，否则应校正。

检查钢板弹簧骑马螺栓是否松动或脱扣，前轮前束是否不准，前桥和车架是否变形等。

（三）制动系统故障及排除

1. 制动跑偏

（1）有规律的定向跑偏。

①故障现象。在农用运输车行驶中减速制动时，如车辆行驶方向总是向右偏斜，说明左车轮制动迟缓或制动不足。在紧急制动时，观察车轮抱死后在地面滑行的印迹，若同一轴两边车轮印迹不是同时发生，其中印迹短的是车轮制动迟缓或制动不足。

②故障排除。左右车轮制动摩擦片与制动毂的间隙不一样，应予以调整。一侧车轮制动摩擦片有油污、泥水夹杂物或摩擦片上铆钉外露，使摩擦系数降低，造成制动跑偏，应更换摩擦片或清洗油污、修复。左右车轮制动摩擦片材料不一致，应更换成同一材质的摩擦片。两边车轮制动毂内径相差过大，应更换。某侧车轮制动毂失圆或过薄，应修整或更换。车轮分泵活塞磨损不同，或一侧制动管路中有空气，使制动时左右轮制动力不均，应排出制动管路中的空气，

更换磨损零件和严重磨损的分泵活塞。如检查上述部位均无问题，应查看两侧轮胎气压过低的轮胎，应及时充气。还应检查两侧前钢板弹簧刚度，看两侧弹簧压缩量是否相同，簧片有无折断。由此引起车辆载荷偏移，致使跑偏停偏，应及时更换簧片。制动蹄片回位弹簧片不同，制动室膜片厚度不等，制动臂凸轮轴锈污等原因，也会造成制动时定向跑偏，应及时更换弹簧片。

（2）无规律的不定向跑偏。

①故障现象。行驶中踩下制动踏板，农用运输车减速制动时，有时偏向左侧，有时偏向右侧。

②故障排除。制动凸轮与支撑座孔配合严重松动，支撑座失去支撑定位的作用，制动时制动凸轮跳动，制动间隙变化，以致出现间歇性制动跑偏。应该采用镶套法修复支撑座。制动底板松动，制动过程中制动蹄与制动毂间隙发生变化，以致不定向跑偏。应该拧紧制动底板固定螺栓。左右两侧轮胎磨损不均，而且在不平路面上进行制动。左右轮胎应换位使用，若磨损严重，则需要更换该轮胎。

2. 制动噪声

（1）故障现象。制动器在制动过程中发出一种尖锐、刺耳的啸叫声，并有车身震抖的现象。

（2）故障诊断。听到异响检查时，可将车轮架起，转动车轮，在车轮部位听到一种"唰唰"声，一般是制动毂碰摩擦片声响，为制动毂间隙过小所致。或者是弹簧折断、弹力过弱或脱落，使制动蹄片不能回位而刮磨发响。

车辆在行驶中，若听到车轮内有一种"哗啦哗啦"的响声，一般是弹簧折断脱落或支承销锁卡脱落引起的。机车在制动时，若发出"吱吱"的异响，一般是制动毂或摩擦片硬化、铆钉头露出等引起的。机车在制动时，若发出"哽哽"的响声，并引起车身震抖，一般是制动毂失圆、摩擦片接触不良、铆钉松动或回位弹簧脱掉等引起的，对此应卸下制动鼓检查。

3. 制动失灵

（1）故障现象。当踏下制动踏板时，农用运输车不能减速和停车，或制动拖痕过长，制动时间过长。

（2）故障排除。连续踏下制动踏板不能踏硬，应先检查总泵是否缺油，缺油则应加足。如果不缺油，再检查制动油管有无破裂或接头处是否漏油，检查各机械连接部分有无脱落。若有上述情况，应更换破损件或焊修连接好。如上述部位良好，则应检查总泵皮碗是否损坏或踏翻。

连续踏下制动踏板，踏板逐渐升高，且有弹力，但稍后再踏板时仍很低，那么说明制动系统内有空气，或总泵出油阀损坏。这时应排出空气。若制动仍不灵，应拆开总泵检查。

踏一次制动不灵，但踏数次后，制动效果很好，即为踏板自由行程过大或摩擦片与制动毂间隙过大。应检查踏板自由行程，调整到 10~15 毫米。如果自由行程符合要求，则应检查制动器间隙并调整。首先，用千斤顶支起车轮，使其能自由转动；其次，取下制动器背板下部调整孔的橡胶堵；接着，用起子伸进调整孔，拨动调整螺丝的齿牙，使制动蹄张开，同时转动车轮至不能转动为止；最后，向下拨动调整螺丝 2~3 个齿，使车轮刚好能转动为宜，允许有轻微摩擦。

连续踏下制动踏板，踏板高度合乎要求，其他部位也正常，但制动不灵，即属制动器的故障。比如摩擦片带有油污，接触不良，硬化摩擦带严重磨损或铆钉露头，分泵锈蚀等。应拆下车轮进行检查排除。

4. 制动器卡滞

（1）故障现象。农用运输车自行制动；制动器发热或摩擦片烧坏，有焦臭味。

（2）故障排除。检查踏板自由行程，如果自由行程太小，则调整至正常技术状态即可；如果自由行程调整后还有卡滞现象，则拆开发热一侧的制动器，看制动器回位弹簧是否折断、脱落、老化变软。

检查摩擦表面间有无杂物堵塞，如有则加以清理。观察制动时车身有无抖动现象，如有则制动毂变形失圆，需进行修复。

5. 左右车轮不能同时制动

（1）故障现象。踩下制动踏板时，两侧制动力不一致，农用运输车制动时容易跑偏，严重时会造成侧翻。

（2）故障排除。制动时，车辆向左偏斜，即为右边车轮制动不良；向右偏斜时，即为左边车轮制动不良。可在停车后，察看左右两边车轮在地面上的制动拖痕，拖痕短而轻的一边车轮制动不良。

参照上述故障原因进行调整和排除。如果摩擦带故障或分泵活动不灵、油管堵塞，应拆下修复或更换。

6. 制动不回位

（1）故障现象。松开制动踏板后仍然有制动效果，制动器发热，摩擦元件磨损严重，甚至烧损摩擦片。

（2）故障排除。

①调整制动器间隙和踏板自由行程。

②检查制动拉杆，并校正。

③检查回位弹簧，必要时更换。

④清除制动毂和制动蹄片间的异物。

⑤润滑各铰接点，以使制动灵活。

三、电气设备常见故障及排除

（一）电气系统故障诊断方法

1. 观察法　顺着线路寻找接触不良、断线及短接的地方。一般适用于灯丝断、保险丝断、触点接触不良和接头连接不良等。

2. 短接法　将串联在电路中的某一控制元件的两个接线柱用导线连接在一起使其短路，火线则跳过该元件直接和后面的设备连接，可以检查被短路的元件。一般适用于触点、开关、电表及串联电阻等。

3. 划火法　将与火线连接的导线在机体上划擦，看有无火花并观察火花的大小。一般由负载端开始，顺着线路检查线路的每一个接头，直到电源火线处。这种方法的根据是如果连接点带电，则在机体上划擦就有火花，线路电阻越小，电压越高，火花就越大且发白，并有"啪啪"的响声；反之，火花就越小且发暗、发红。注意，划火法不能用于硅整流发电机的电路。

4. 试灯法　试灯是在一个灯泡（最好是大灯灯泡）的搭铁极和一个火线极上各焊一根 1 米左右的导线，灯的工作电压必须与电路电压相符。用试灯法检查电路有并联法和串联法两种。

（1）并联法。即和负载并联，检查方法和划火法相同，只是将导线换成试灯，一端接地，一端分别和各点接触，试灯亮表示被检查的接点有电，灯光暗说明线路接触不良，电阻大。

（2）串联法。将试灯串联在线路中，可以根据亮度检查线路电阻。例如，因为短路保险丝熔断，要检查短路点，可以先不接新保险丝，而将试灯接在保险丝的位置上。因线路有短路，所以电阻小，试灯明亮。短路故障排除后，线路中比原来多串联了一个试灯，电阻比正常大，试灯变暗。利用试灯法不会像划火法那样造成瞬间短路，所以安全可靠。

5. 万用电表法　用万用电表测量线路和设备的电阻以及电路各接点和电源的电压，可以读出数据，比较准确。使用万用电表必须注意以下几点。

（1）测量电阻一般用 R×1 或 R×10 挡即可，测前必须校正指针零点，即两侧棒直接接触、拧校零旋钮使指针摆到头，指在 0 欧上。一般不必注意测棒的正负，但检查二极管时必须分清测棒的极性。

（2）测量电压时，挡位开关要放在直流电压上，量程视电路电压而定，12 伏电路要用 20~30 伏的挡位，24 伏电路要用 50 伏挡位，量程不够会折断指针。测量时注意测棒的极性，正测棒应接电源正极，负测棒应接电源负极，否则打反表也会折断指针。

（3）不能用万用电表测量农用运输车电气系统的电流。因为电路电流大，而万用电表的电流量程小。

（二）电气设备故障及排除

1. 蓄电池逃电

（1）故障现象。蓄电池在不工作的情况下逐渐失去电量的现象称为自行放电，而快速失去电量的现象称为逃电。蓄电池自行放电不能完全避免，但逃电情况则属于故障。

逃电的现象为：充电时温度高、电压低，电解液比重小，充电末期气泡少或发生气泡太晚；充电后放置一定时间，负载电压明显下降。

（2）故障排除。清理蓄电池外部污物，给蓄电池补充电，放置一定时间，用负载放电叉检查电容量，以确定蓄电池是否逃电。用比重计吸取电解液，如果看到电解液较浑浊，说明有污物进入；如果电解液中有棕褐色物质，说明极板活性物质严重脱落。

2. 发电机不发电

（1）故障现象。农用运输车正常运转，但发电机不向用电设备供电，用旋具搭接电枢与磁场接线柱，无火花。

（2）故障排除。首先检查各导线及接头有无松脱或断路，并检查线路是否接错。如果均良好，打开点火开关，听到有"咯咯"的声音，表示断电器触点闭合。可用两根导线中间串联一个农用运输车用小灯泡试验（试灯一端头接在发电机磁场接柱上，另一端头触在发电机外壳上），如试灯发亮，说明由蓄电池至发电机磁场接柱上的线路良好。这时可将发电机电枢接柱上的导线卸下来，用试灯一头触在电枢接柱上，另一头触在发电机的外壳上进行发电检查。如发动机运转（转速不能过高）时，试灯不发亮，说明故障在发电机内部，应分解发电机，检查硅二极管是否损坏，接线柱和滑环的绝缘是否良好。

打开电源开关后，如果断电器触点不闭合，应检查各导线是否有松脱或断路。如果各接线良好，应打开电压调节器壳盖，检查继电器触点间隙是否过大及有无烧蚀或脏污；检查触点弹簧铜片是否有毛病而使触点不能闭合；并检查线圈有无烧毁或断路、短路。如果均良好，应检查点火开关及电流表是否损坏。通过上面的检查证明均属良好，但还不充电，则可检查电压调节器的低速触点是否接触不良和高速触点是否偏斜或导电堆积物过多和下次触点连接，而导致不发电。

159

3. 发电机充电电流过小

(1) 故障现象。发动机由低速逐渐升高至中速时，打开大灯后电流表指示放电，说明充电电流过小。

(2) 故障排除。首先检查发电机皮带是否过松和各接头是否接牢，导线是否有断路或短路。如果良好，可用上面所述的试灯检查；也可将发电机电枢接柱、磁场接柱的两个导线卸下，用试灯一头触在电枢接柱上，一头触在磁场接柱上，使发动机运转，再逐渐提高转速。如试灯发红，转速提高（转速不要过高）后，试灯亮度增加不多，则为发电机发电不足。

若试灯随着发动机转速增加而亮度增大，则为发电机良好。应检查电压调节器触点是否脏污、烧蚀和断电器线圈电阻是否断路和接线松脱。如果均良好，应检查电压调节器电压调整是否过低。

4. 发电机充电电流过大

(1) 故障现象。在蓄电池不亏电的情况下，充电电流仍在 10 安以上，说明充电电流过大。

(2) 故障排除。将发电机"F"接线柱上的线取下，启动发动机，看是否仍有充电电流。若有，则说明发电机"+"与"F"接线柱短路。

若不充电，将发电机"F"接线柱上的线重新连好，然后检查调节器调节电压是否过高。可用万用表直流电压挡检查，红表笔接发电机"+"接线柱，黑表笔接搭铁，逐步提高发动机转速，测量充电电压，若过高，应对调节器进行调整。

5. 电动机不转动

(1) 故障现象。打开电动机开关，电动机不转。

(2) 故障排除。可打开大灯或按喇叭，看是否有电。若大灯不亮，喇叭不响，应检查蓄电池导线是否断路，接头是否松动或有污物等。

若大灯亮，可继续打开电动机开关；如果大灯亮度不减弱，说明电动机内没有电流通过，应检查导线接头是否松动或断路。

若上面的检查无故障，可用螺丝刀将电动机开关上的两个接线柱接通。如果电动机不转，其故障就在电动机内部。如果用螺丝刀搭接时无火花，说明电动机内部断路；如果有强烈火花出现，则说明电动机内部有搭铁或短路之处。

打开电动机开关时，电磁开关内有响声，但电动机不转，用螺丝刀将电动机开关上的两个接线柱接通，若电动机转动，说明开关有故障。将继电器盖打开，用导线将其触点直接相接，如果电动机转动，故障就在继电器。

6. 电动机转动无力

（1）故障现象。打开电动机开关时，电动机转动很慢且无力，不能带动发动机运转。

（2）故障排除。打开电动机开关，电动机转动无力，可用螺丝刀将电动机开关接线柱接通。若电动机转动有力，应检查触点是否烧蚀而导电不良。

若电动机的转动无力，应检查蓄电池是否缺电，导线接头是否松动和桩头是否过脏而致导电不良。若导线松动或接触不良，打开电动机开关时，用手触摸其导线，会有过热的感觉。

上述检查均属良好，但电动机转动无力时，故障就在电动机内部。

7. 电动机空转

（1）故障现象。打开电动机开关时，只听到电动机旋转，但发动机曲轴并不转动。

（2）故障排除。启动时，撞击声不大，却连续不断，频率很高，启动齿轮不能啮入。其故障原因为缓冲弹簧变软或折断，应更换。

启动时，启动小齿轮能正常啮入，电动机有高速旋转声而发动机不转，表明是单向离合器打滑。修复时，将离合器夹在台钳上，套上花键套和扭力扳手，向逆时针方向转动扭力扳手。单向滚柱式离合器应能承受 25 牛米以上的扭力而不打滑。否则即是离合器失效，应更换。

第五章

田间作业机具的使用规范与故障维修

第一节 耕地作业机具的使用与维修

一、悬挂犁挂接的正确调整方法

（一） 拖拉机轮距调整

为使拖拉机轮距和犁的总耕幅相适应，实现正牵引，在农具挂接前应对拖拉机轮距进行必要调整。

拖拉机两驱动轮距的理论值（L），应为犁的总耕幅（B）加一个犁体工作幅宽（b），再加一个轮胎宽（E）。

$$L = B + b + E$$

式中：B—— 犁的总耕幅（毫米）；

b—— 单犁体耕幅（毫米）；

E—— 驱动轮轮胎宽度（毫米）；

L—— 拖拉机轮距（毫米）。

一般拖拉机的轮距变动是有级的，调整时，根据拖拉机使用说明书提供的数据，找出与理论值接近的可调轮距。

（二） 挂接

悬挂犁通常以三点悬挂方式与拖拉机连接。悬挂犁装有悬挂架

（上悬挂点）和两个下悬挂点（或曲拐轴）分别与拖拉机的上、下拉杆挂接在一起。犁的上、下悬挂点均有多个孔位供挂接时选择。

对于耕深采用高度调节的液压悬挂装置，根据犁的技术状态和土壤情况选择挂接点：铧刃锋利、土壤松软时，选择上悬挂点挂上孔，下悬挂点挂下孔的靠两端挂接法（图5-1中虚拟牵引点Ⅰ的位置）。此时，对拖拉机增重大，可以使拖拉机发挥更大的牵引功率；而当铧刃较钝、土壤较硬时，应选择上悬挂点挂下孔，下悬挂点挂上孔的靠中间挂接法（图5-1中虚拟牵引点Ⅳ的位置）。此时，可增大犁的入土力矩，使犁的入土性能好。一般情况下，在满足犁的入土深度要求的前提下，应尽量选用靠两端孔位的挂接法（图5-1）。

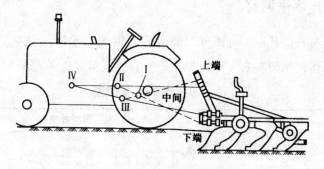

图5-1　悬挂犁的挂接

对于耕深采用力、位调节的液压悬挂装置，在挂接时，应尽量选择靠中间的悬挂孔位，使犁有较大的入土力矩。

水田犁用于旱耕时，因犁较轻，当表土较硬时，常采用加大犁的入土角的办法，改善犁的入土能力，这时应选择上悬挂点挂上孔，下悬挂点也挂上孔的方法。

（三）耕深调整

采用高度调节的机组，通过犁的限深轮调整耕深。

采用力、位调节的机组，通过液压操纵手柄进行调整。位调节手柄向下降方向移动的角度越大，犁的耕深也就越大。当土壤比阻不变时，力调节手柄向"深"的方向移动角度越大，犁的耕深也就越大。

因耕深调节直接影响犁架水平，所以每调一次耕深，必须同时进行犁架的水平调整。

(四) 水平调整

调上拉杆的长度，可调整犁架前后（纵向）水平；调左、右吊杆长度，可调犁架左右（横向）水平。具体调整方法见表5-1。

表5-1　悬挂犁的水平调整

现象	调整方法
犁架前后不平，前犁深，后犁浅，犁后踵离开沟底	伸长上拉杆，直至犁架前后水平
犁架前后不平，前高后低，犁后踵在沟底，压出沟痕	缩短上拉杆，直至犁架前后水平
犁架左右不平，前犁深，后犁浅，接垡不平，沟底不平	缩短右吊杆长度，直至犁架左右水平
犁架左右不平，前犁浅，后犁深，接垡不平，沟底不平	伸长右吊杆，直至犁架左右水平

在调整上拉杆时，一定要由长调短，逐渐调到合适长度。如果

开始就调得很短，会使犁入土太深，造成前犁体损坏。

（五）耕宽调整和偏牵引调整

犁的第一铧耕宽应符合规定的尺寸。当第一铧耕幅偏大或偏小时，将会产生漏耕和重耕现象，犁的作业状态变坏，耕作质量下降。

当犁的牵引线不通过拖拉机动力中心时，将产生偏牵引现象，拖拉机直线行驶性能变差，使操纵发生困难。

耕宽调整和偏牵引调整关系密切，互相影响很大，在试耕时，这两种调整需要反复交替进行，才能得到满意的结果。具体调整方法见表5-2。

表 5-2　悬挂犁的耕宽调整

现　象	调整方法	
	旱地铧式犁系列	水田犁系列
第一铧耕幅偏大，产生漏耕	转动耕宽调节手柄，使调节套向里缩，即左悬挂点移向犁架横梁	转动曲拐轴，使左端轴销向后转，即顺时针转动
第一犁耕幅偏小，产生重耕	转动耕宽调节手柄，使调节套向外伸，即左悬挂距犁架横梁尺寸加大	转动曲拐轴，使左端轴销向前转，即逆时针转动
拖拉机向右偏驶	耕宽调节器向右移（在横梁上的位置）	悬挂轴向右移动（相对犁架）
拖拉机向左偏驶	耕宽调节器向左移	悬挂轴向左移

（六）正位调整

犁在作业时，其犁架纵梁应平行于前进方向。如果因土壤松软，犁侧板配置不当或发生变形，以及由于拖拉机和犁不配套，使牵引线过于偏斜等原因，造成犁偏斜（即犁架纵梁与前进方向偏斜一角度），则需要进行正位调整。

如果因拖拉机和犁不配套，造成犁作业时偏斜，首先应通过对拖拉机轮距的调整，使其与犁的耕幅相适应，实现正牵引；如果轮距已无法调整，则只能在不明显造成偏牵引的前提下适当调整牵引线的方向，改善犁的工作状况。

如果因土壤松软，犁侧板压入沟墙过深而造成犁的偏斜时，则可通过在犁侧板和犁托之间加垫片进行调整。

（七）限位链调整

机组作业时，限位链应处于放松状态，下拉杆可左右自由摆动。在升起位置时，以犁不与拖拉机轮胎或护板相碰撞为宜。

二、铧式犁作业前的主要技术状态检查

（一）整机检查

将犁放在平台或平坦的地面上。悬挂犁需用支架垫起，牵引犁则应调至运输状态，使犁体离开地面，犁架呈水平状态。

（1）如图5-2所示，从第一铧铧尖到最后一铧铧尖拉一直线，其余各铧的铧尖均应在此直线上，其偏差不得超过±5毫米（旧犁的偏差最大不得超过±10毫米）。用同样的方法检查铧翼。

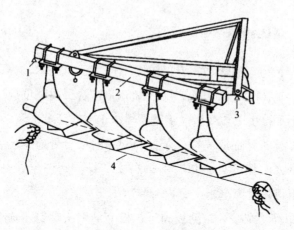

图 5-2 拉绳检查

1. 支点 2. 犁梁 3. 支点 4. 绳子

（2）各犁体安装高度差不得超过 10 毫米。

（3）相邻犁体的铧尖纵向距离应符合规定尺寸要求；相邻犁体耕宽重叠不得小于 10 毫米（螺旋形犁体除外）。

（4）梁架不得扭曲、变形。相互平行的主梁，其间距偏差在 3 米长范围内不得大于 7 毫米。各主梁应在同一平面上，各主梁至地面的垂直距离偏差不应大于 5 毫米。

（5）犁的各部连接螺栓、螺母应拧紧，螺栓头应露出螺母 2~6 扣。

（6）牵引犁的安全装置应正确可靠。

（7）悬挂犁的悬挂轴调节机构和限深轮调节机构应灵活有效。牵引犁的起落机构、调节机构和地轮、沟轮等各转动部分应灵活、有效、可靠。

（8）地轮轴、沟轮轴和尾轮轴不得变形。各轴套轴向和径向间隙均不得大于 2 毫米。

（二）犁体检查

（1）犁铲刃口应锋利，刃口厚度不得大于 1 毫米，铧刃角度应在 25°~40°，犁胫线刃角应在 47~53°，犁铧磨刃面宽度应在 10~13 毫米，最小不得小于 5 毫米。铲宽不得小于 100 毫米。

（2）犁体工作面应光滑。犁壁和犁铧的接合处应紧密，缝隙不得大于 1 毫米。接缝处，犁壁不得高于犁铧，允许犁铧高出犁壁，其最大值不得超过 1 毫米。

（3）犁铧、犁壁、犁侧板和延长板上的埋头螺钉不应高出工作面。允许个别螺钉凹下，但凹深不应大于 1 毫米。

（4）犁胫线应在同一铅垂面板上，如果有偏差，只允许犁铧凸出犁壁，但应小于 5 毫米。

（5）犁壁、犁铧、犁侧板与犁托应贴合紧密，犁壁和犁托的局部间隙允许上部为 6 毫米，中下部为 3 毫米。但连接螺栓的部位不应有间隙存在。否则应加垫消除间隙。

（6）犁体应保持标准的垂直间隙和水平间隙。梯形犁铧的垂直间隙为 10~15 毫米，水平间隙为 8~10 毫米（图 5-3）；凿形犁铧的垂直间隙为 16~19 毫米，水平间隙为 8~15 毫米。

（7）犁侧板不应弯曲，如有弯曲或末端磨损严重应更换新件。

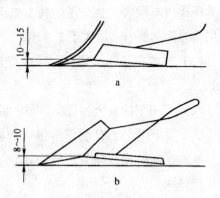

图 5-3 犁体的间隙（单位：毫米）

a. 垂直间隙　b. 水平间隙

（三）圆犁刀检查

（1）圆犁刀刃口应锋利，刃厚不大于 0.5 毫米，刃角为 20°±2°。

（2）圆犁刀的旋转平面应与水平面垂直，如有偏差不应大于 3 毫米。

（3）圆犁刀轴承间隙不大于 1 毫米，轴承应注满黄油。

（4）犁刀臂应能在犁刀柱上自由转动，犁刀臂在垂直方向游动量不得大于 3 毫米。

（四）圆犁刀和小前犁安装位置的检查

参阅图 5-4。

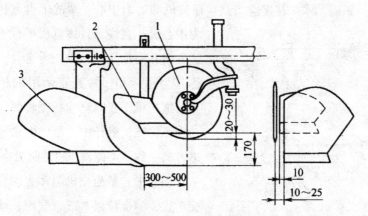

图 5-4　圆犁刀、小型体和型体的相对位置（单位：毫米）

1. 圆犁体　2. 小犁体　3. 主犁体

（1）小铧尖距主铧尖距离为 300~350 毫米。

（2）小铧与主犁铧犁胫应在同一铅垂面上，允许小铧犁胫向主铧犁胫外侧（沟墙方向）偏出不大于 10 毫米。

（3）小犁体的安装高度应使其耕作深度不小于 100 毫米，一般要求是主犁耕深的 1/2。

（4）圆犁刀安装位置应使其中心和小铧尖在同一垂线上，其左侧面距小铧胫线 10 毫米，刀刃最低点应低于小铧尖 20~30 毫米。

三、牵引犁和半悬挂犁的挂接和调整方法

（一）水平挂接

牵引犁通过犁的纵拉杆同拖拉机挂接。纵拉杆在犁的横拉板上的位置和拖拉机牵引板上位置均可调整，以达到正确的水平挂接。半悬挂犁则是通过前梁在牵引梁上的位置和犁架横梁上的位置调整，达到正确的水平挂接。

正确的水平挂接应当是：拖拉机的动力中心、犁的牵引点和阻力中心成一直线，且该直线平行于前进方向并同拖拉机纵轴线重合。一般称其为正牵引。检查正牵引的标准是：拖拉机作业时直线行驶性好。行驶中不偏转；耕作中，犁的纵梁同前进方向一致，不侧斜，耕地阻力小。

动力中心是拖拉机驱动力的合力交汇点，当拖拉机直线行驶时，动力中心位于拖拉机的纵轴线上。见图 5-5a。

阻力中心是犁的重心、土壤阻力以及犁轮和犁侧板反力等力的合力交汇点。

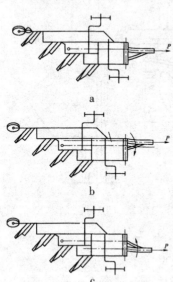

图 5-5 犁的水平挂接

a. 正确 b. 偏左 c. 偏右

若牵引线偏向阻力中心的左侧（图5-5b），则犁架顺时针扭转，总耕幅变宽，单个犁体耕幅变窄，产生漏耕。尾轮及犁侧板的侧压力增大，磨损加剧。调整方法是将主拉杆右移。

若牵引线偏右（图5-5c），则与上述情况相反，犁架逆时针扭转，总耕幅变窄，单个犁体耕幅变宽，产生重耕。调整方法是将主拉杆左移。

上述两种情况，都会使犁梁斜行，犁轮斜行，从而加剧轴套和轮轴的磨损，增大阻力。

（二）垂直挂接

1. 牵引犁的垂直挂接　是通过拖拉机牵引板的高低位置和犁的横拉板在犁架前弯端上的高低位置的调整实现的。正确的挂接应当是：犁的主拉杆在拖拉机牵引板上的挂接点和主拉杆在犁的横拉板上的挂接点的连线（即拖拉机的牵引力作用线），应通过犁的阻力中心（图5-6a）。具体调整方法是：将各犁体落在平坦的地面上，提起主拉杆（总拉杆）的牵引环，使之离地面高度等于拖拉机牵引板高度加耕深，然后自牵引环所在位置与犁的阻力中

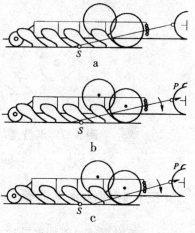

图5-6　犁的垂直挂接

a. 正确　b. 偏上　c. 偏下

心拉一直线，此直线通过犁架前弯端上某一调节孔，即为犁横拉板的挂接位置（图5-6a）。若直线在某两孔中间，地块干硬时选上孔，湿软时选下孔。

若挂接点偏上（图 5-6b），则前铧深，后铧浅，地轮、沟轮受力过大，轮轴和轴套加剧磨损，应将横拉板调低。

若挂接点偏下（图 5-6c），犁架前部上翘，前铧浅，后铧深，尾轮磨损加剧。

2. 半悬挂犁垂直挂接　是通过拖拉机悬挂机构上拉杆在悬挂架上的挂接位置和拉杆长度的调整进行的（图 5-7）。当上拉杆挂接在悬挂架上端连接孔时，入土行程增加，前犁耕深趋浅，后铧趋深，限深轮载荷较小；当上拉杆挂接在悬挂架下端连接孔时，犁入土性能改善，限深轮的载荷增加。

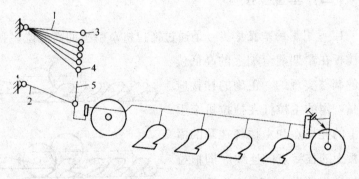

图 5-7　半悬挂犁在纵垂面上的挂接

1. 上拉杆　2. 下拉杆　3. 上端连接孔　4. 下端连接孔　5. 悬挂架

（三）耕深和水平调整

（1）牵引犁通过耕深调节轮和水平调节轮进行耕深和水平调整。液压升降的牵引犁，用调节液压油缸活塞行程的方法调节犁的耕深。水平调节还是通过转动水平调节轮进行。

（2）半悬挂犁耕深调节通过限深轮进行，而横向水平调整是通过拖拉机悬挂机构的左右提升吊杆的长度调整来实现，纵向水平通过尾轮调节螺钉进行。

（四）牵引犁尾轮调整

为减小犁侧板和沟墙间的摩擦力，尾轮边缘应较后犁体犁侧板偏向沟墙 10~20 毫米。为减小后犁体犁侧板与沟底的摩擦阻力和改善犁的入土性能，尾轮的下缘应低于犁后踵 8~10 毫米。

通过尾轮的垂直调整还可以调整犁的纵向水平，尾轮垂直调整钉向外拧，最后一铧耕深增加，向里拧，耕深减小。

（五）牵引犁缓冲弹簧的调整

缓冲弹簧的作用是落犁时起缓冲作用，起犁时起助力作用。各缓冲弹簧紧度应调整一致。正常状态应当是起犁时呈松弛状态（自由状态），落犁时则拉紧（受力状态）。

四、耕地作业犁不入土或耕深达不到标准故障排除方法

（一）产生原因

（1）驾驶人员对犁的耕深未及时而又正确地检查调整。

（2）犁的技术状态不良，犁铲刃口磨钝，犁铧、犁架、犁轴、犁轮和深浅调节装置发生严重变形或磨损，以及安装、调整不当。

（3）牵引犁的尾轮拉杆调整不当（过紧）或尾轮位置过低。犁落不下去或不能完全落下。

（4）悬挂犁上拉杆过长。

（5）拖拉机功率不足，拉不动，耕深达不到要求。

（6）土壤阻力过大，未适当降低机组的作业速度。

（7）牵引犁缓冲弹簧调整过紧，使整个犁架降不到要求的耕深

程度。

（8）犁铧被地面残株杂草或地下树根等物堵塞，未能及时起犁清除，整台犁被抬起。

（二）排除方法

1. 作业开始前 检查、修理、调整耕作用犁，使之保持良好的技术状态，使影响耕作质量的主要部位技术状态标准在要求的范围内。牵引五铧犁犁梁不得扭曲，主梁要相互平行；左右犁梁离地面高度差不得超过 8 毫米；各顺梁之间的不平行度不大于 4 毫米；犁轮轴不得有弯曲和扭曲，轮轴及轴套的轴向间隙不大于 2 毫米，径向间隙不大于 1 毫米；犁轮旋转面的不垂直度不大于 6 毫米；犁轮椭圆度不大于 7 毫米；犁铲刃口斜面宽度不小于 5 毫米，刃口厚度不大于 0.75 毫米；地轮下缘距犁铧基面 270 毫米，钩轮下缘距犁铧基面不小于 180 毫米；耕深调节丝杠应旋转灵活；尾轮轮缘要调到低于犁铧支持面 50 毫米的位置。犁在工作位置时，尾轮轮缘左面下侧要调到后犁体内侧板偏向沟墙 10 毫米处。犁完全升起时，必须保犁架前后水平，尾轮拉杆应处于拉紧状态，当犁落下呈工作状态时，尾轮拉杆应处于完全松弛状态。

根据土壤特点和阻力大小，及拖拉机牵引功率，正确地进行编组，确定犁的装配的铧数。其计算公式如下：

$$装配铧数 = \frac{拖拉机牵引力（千克）×利用系数}{耕深（厘米）×耕幅（厘米）×土壤比阻（千克/厘米^2）}$$

2. 在耕作过程中 操纵人员对不易入土和发生跑垡或浅耕地段应心中有数，必须在机组距该地段 5 米前做到预先将耕深适当向深调整；悬挂犁适当缩短上拉杆长度，使悬挂犁有合适的入土角；作业中认真做好田间清理工作，一旦发现犁铧有被杂物堵塞的可能时，应立即停车，彻底清理。

五、手扶拖拉机配套犁的正确使用及调整方法

手扶拖拉机型号较多，其配套犁也有多种型号，但各种犁的调整内容大体一致。现以12马力手扶拖拉机的配套犁为例，对其使用调整介绍如下。

（一）机组行驶直线性的调整

犁的牵引卡通过牵引销和连接头的间隙为1~1.5毫米（图5-9）。间隙过小，容易顶死，当拖拉机或犁受力稍有变化时，就会影响机组工作的稳定性；间隙过大，犁左右晃动大，不易控制。正常工作时，应该调节两个调整螺钉，使机组略有向未耕地一边偏走的

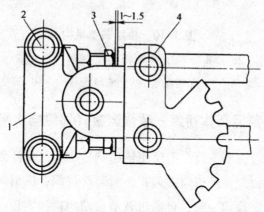

图5-9　直线行驶性能调整（单位：毫米）

1. 牵引卡　2. 牵引销　3. 调整螺钉　4. 中间连接架

趋势，这样拖拉机右轮在犁沟内紧贴沟墙前进，保持直线行驶。当发现机组向右偏走时，应调长右边的调整螺钉（间隙调小）和相应缩短左边的调整螺钉（间隙调大）；当发现机组向左偏走时，调整方向与上述相反。调整时，应先松开锁紧螺母再转动调整螺钉，调整

合适后，再拧紧锁紧螺母，以防松动。

（二）耕深调整

耕深调整是通过改变入土角度来实现的。调整时转动耕深手轮（图 5-10），使后犁柱尾部向上摆动，则入土角度增大，耕深增加；若使后犁柱尾部向下摆动，则入土角度减小，耕深减小。

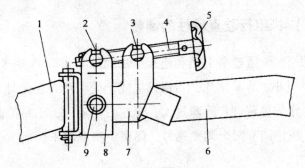

图 5-10　耕深调整机构

1. 转臂　2. 长孔轴　3. 螺母轴　4. 耕深调整丝杆　5. 手轮
6. 后犁体　7. 后连接卡　8. 瓶形连接卡　9. 调整插销

（三）前后犁体耕深一致性调整（即纵向水平调整）

前后犁耕深不一致，不仅使耕地质量变坏，而且会引起机组走偏。前犁耕得深，机组向右偏走；后犁耕得深，机组向左偏走。为了达到前后犁耕深一致，可通过调节前犁的耕深实现。调整时，先松开前犁柱托架上的锁紧螺钉（图 5-11），然后转动前犁耕深调节手轮，使犁体上升或下降。前犁体上升，则前犁体耕深变浅；前犁体下降，则前犁体耕深变深。调整合适后，将锁紧螺母锁紧即可。

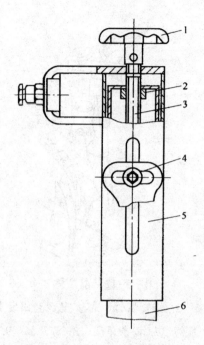

图 5-11 型体水平调整机构

1. 前犁耕深调整手轮 2. 螺母 3. 调整丝杆 4. 锁紧螺母
5. 前犁柱托架 6. 前犁柱

（四）耕宽调整

为了充分发挥机组功率，在拖拉机不超负荷和犁不漏耕的前提下，可适当调大耕幅。调整时，松开横梁上的锁紧螺钉，将"U"形卡向内移动，使前犁向后犁靠近，耕幅变小；"U"形卡向外移动，前犁远离后犁，耕幅变大。调合适后，将锁紧螺母拧紧即可。

（五）犁壁曲面调整

栅条犁壁曲面可根据作业要求进行调整。

只要改变犁壁连接盘上部的犁壁调整支架插销在犁壁调整固定

179

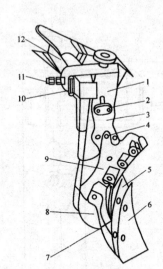

图 5-12　前犁体

1. 前犁体托架　2. 锁紧螺钉　3. 犁壁调整固定支架　4. 插销

5. 犁胸　6. 犁铧　7. 栅条犁壁　8. 前犁柱　9. 犁壁连接盘

10. 门形卡　11. 紧固螺丝　12. 横梁

支架上的位置，以及犁壁调整固定支架上部长孔在犁柱上的位置（图 5-12），就可以得到三种不同的犁壁曲面。

当犁柱上固定螺钉处在犁壁调整固定支架长孔左端（按机组前进方向），而犁壁调整支架插销在犁壁调整固定支架下部最右边的孔中，这时犁壁曲面扭曲最小，其窜垡性能好，断条架空性好，有利于晒垡。

当固定螺钉处于长孔右端时，插销位于犁壁调整固定支架最左边的孔中，这时犁壁曲面扭曲最大，其翻土性能好，有利于覆盖绿肥、杂草和秸秆还田。

当固定螺钉处于长孔中间位置，插销也在中间孔中时，其窜垡、翻土性能介于上面两种情况中间，这种曲面在一般耕作时常用。

调整时应注意，前后犁壁曲面要调整一致。犁壁曲面调整后，机组的行驶直线性将受到影响。因此，需要做相应的调整。

（六）偏耕调整

为了减少田边地角的残留地和适应不同轮距拖拉机的需要，可用偏耕机构进行调整。一般情况下，偏移手柄放在齿板中间位置（图5-13）。若将偏移手柄向左（或右）移动，使手柄前端的方形块嵌入齿板的右面（或左面）的齿板中，则会使犁向左（或向右）偏移，达到偏耕的目的。犁偏耕后，机组易走偏，应小心操作，并适当调整机组行驶直线性能。

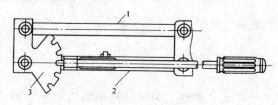

图5-13　偏耕调整机构

1. 转臂　2. 偏移手柄　3. 齿板

 **第二节　耙地作业机具的使用与维修**

一、圆盘耙田间作业时的主要调整内容及调整方法

（一）耙深调整

机引耙常见的耙深调整方法如下。

（1）改变耙组偏角调节耙深，耙组偏角越大，耙得越深，入土、

181

翻土和碎土能力越强。偏角小，则耙得浅，入土、翻土和碎土能力下降。当改变耙组偏角仍不能满足耙深要求时，可用附加配重法增加耙深，但配重总重量不能超过 400 千克，且应分布均匀。配重要求用麻袋装土实施，不允许用石块、铁块等作为配重，以免掉落损坏耙片。

（2）悬挂耙通过改变悬挂孔位调节耙深。一般是提高下悬挂点的孔位和降低上悬挂点孔位的办法增加耙深。

（3）当拖拉机液压悬挂装置采用力调节时，耙深可通过操纵液压升降操纵杆的提升和降下来调节耙深。在土质相同的情况下，降下手柄可增加耙深，提起手柄可减少耙深。

（二）耙的水平调整

（1）耙的横向水平调整。为保证耙组两边耙深一致，耙架应保持横向水平，悬挂耙和半悬挂耙通过拖拉机悬挂机构右吊杆长度调整进行。

（2）耙的纵向水平调整。牵引耙是通过改变耙架上挂接位置的高低来调整的。当前列耙深，后列耙浅时，应降低牵引装置在耙架上的挂接位置。反之，则应提高耙架上的挂接位置。

悬挂耙的纵向水平调整，是通过改变悬挂装置的上拉杆长度进行的，当前列耙深，后列耙浅时，应调长上拉杆；反之，调短上拉杆。

（三）偏牵引调整

由于偏置耙的耙组配置不对称，作业中会出现耙架向两边偏斜，拖拉机向两边偏驶的偏牵引现象。若耙架右偏，拖拉机则向左偏驶，可采用下列方法调整。

（1）适当放长拖拉机悬挂机构的上拉杆（悬挂耙），或降低牵引点高度（牵引耙）使后列耙组的耙深适当增加。

（2）适当减小前列耙组偏角，增大后列耙组偏角。

（3）悬挂耙可将其前后耙组同时向右横移相等距离，牵引耙则可将牵引杆在牵引横梁上的挂接点向左移动适当距离。反之，若耙架左偏，拖拉机向右行驶，则应采取与其相反的方法调整。

（四）偏置量的调整

为了满足不同作业要求，偏置圆盘耙有时需要调节偏置量（耙中心偏离拖拉机中心的横向距离）。若需减小左偏置量时，可将前、后列耙组同时向右移动相等距离，并增加前耙组的偏角，减少后耙组偏角；反之，则与上述相反。

二、耙地作业耙深不够的原因及排除方法

耙深不够，碎土不良，耕作层存在上蓬下空现象，播种后，幼苗根系悬空（俗称"吊死鬼"），从而影响作物生长，造成减产。

（一）造成耙深不够的原因

（1）耙地机具选择不当，达不到要求的耙深。

（2）耙组技术状态不良，如耙片直径磨损严重或耙片刃口磨钝，不易入土。

（3）耙在拖拉机或联结器上的挂接点过高，或耙的牵引挂钩在垂直调节板上的位置太低。

（4）未按土质情况及时调整耙深和倾角。

（5）耙架未加重或加重不足。

（6）耙片之间堵塞泥土或杂物，未及时清除。

（7）机组作业速度太快。

（二）排除方法

（1）根据土质、土壤水分、耕地质量和耙深要求，选择耙的型号。如收获后灭茬，选 PMY-4.5 型单列圆盘耙；伏、秋犁耕后的耙地碎土、播前松土、休闲地除草等，应选用 PY-3.4 型轻型双列圆盘耙；耕后黏重土或生荒地的碎土、切草耙地，选用 PZY-2.5 型重耙；沼泽地、生荒地或其他黏重土壤犁耕后耙地碎土，耙茬播种等，可选用 PZQ-2.2 重型缺口耙。

（2）在耙地作业前，必须认真检修圆盘耙，使之达到良好的技术状态。

（3）正确调整拖拉机、联结器和圆盘耙牵引挂钩垂直调节板上的位置。耙片不易入土、耙地太浅时，应向低调整拖拉机或联结器上的挂接点，或向上调整耙的牵引钩垂直调节板位置。

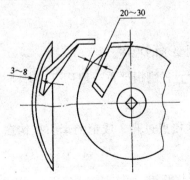

图 5-14　刮土板安装位置

（4）按农业技术要求，准确控制耙深并掌握耙深调整方法。

（5）经常检查并调整刮土板与圆盘耙片凹面的间隙，其正常间隙为 3~8 毫米（图 5-14）。

（6）适当选择耙地机组的作

业速度，一般不超过 6 千米/时。

（7）作业中，一旦出现堵塞，应及时清除。

三、耙地作业耙深不均匀的原因及排除方法

作业时，各耙组和耙片之间的入土有深有浅，相差超过 20 毫米以上。耙深不均，影响碎土效果和苗床深浅的均匀性，作物长势不均，造成减产。

（一）造成耙深不均匀的主要原因

（1）圆盘耙架拉杆、支架和耙组方轴变形或个别耙片磨损严重。

（2）耙的牵引架连接不正确，前后耙组高低不平。

（3）各耙组工作倾角调整不一致。

（4）耙架加重负荷多少不一。

（二）排除方法

（1）作业前，认真检修、调整，使其具备良好的技术状态，确保作业质量。

（2）认真进行耙的水平调整。

（3）各耙组加重箱（或盘）上的附加重量必须大致相同，分布均匀，总附加重量不应超过 400 千克。附加物以麻袋装土为好，不得用石块或铁器等物，以免掉落造成耙片损坏。

（4）作业中，发现个别耙片损坏严重或耙片间发现堵塞物，而影响入土深度时，应停车更换耙片或清理堵塞物。

四、耙地作业碎土不良的原因及排除方法

农业技术要求，耙后的土壤破碎良好，直径 50 毫米以上的土块，每平方米不得超过 5 个。否则，会给以后的播种、田间管理带来不良影响。

(一) 造成碎土不良的原因

(1) 圆盘耙的型号选择不当和运用不合理。

(2) 耙片变形或圆盘直径磨小。

(3) 耙组倾角过小，耙片入土过浅。

(4) 耙组方轴及轴承间管、木瓦等技术状态不良，圆盘转动不灵活。

(5) 刮土板间隙过大或刮土板变形、丢失。

(6) 各耙片间被泥土、杂物堵塞架起，不起碎土作用。

(7) 机组作业方向和耙法不当。

(8) 作业速度太快。

(9) 土壤水分过大或过小。

(10) 犁耕质量不好，立垡、回垡过多，土垡过硬，草根层过厚，跑垡等。

(二) 排除方法

(1) 根据土壤状况和种植作物对耙地质量的要求，正确选用不同型号的耙组。

(2) 作业开始前，所用耙组必须具备良好的技术状态。

(3) 耙组倾角调整机构的作用要准确、可靠，作业中，应以碎

土效果调节耙深，正常情况下，倾角越大，耙深越深，翻土和碎土性能越好。

（4）经常检查刮土板的工作状态，发现问题立即解决。刮土板的技术状态良好，就可避免或减少耙片间堵塞泥土或杂物的可能性。

（5）根据犁耕作业质量和种植作物的要求，确定耙地方法。一般情况下，多用斜耙法，即耙地方向与犁耕方向成一倾斜角度。斜耙碎土和平土效果较好，机组运行震动小，是生产中常用的耙法。对角线耙法（也称交叉耙法），是斜耙的变种（相当于两次交叉斜耙），这种耙法碎土和平地效果最好（图5-15），但要求驾驶员有较高的技术水平和比较正规标准的作业区划，每个作业区应为正方形或近似正方形。作业的第一行程应插标杆。长方形地块，可分成若干个方形小区，采用联合对角线耙法。顺耙法一般在垄上耙茬时使用，即耙地作业方向与垄向一致，碎土平地效果差。

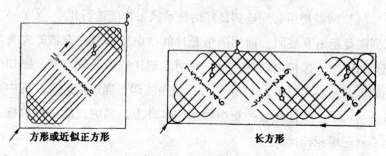

图5-15　对角线耙法

（6）土壤含水率为25%~30%时，是耙地的最佳时期，应集中力量抢耙。

（7）耙地作业速度应控制在6千米/时以内。

五、耙地作业地表不平整的原因及排除方法

农业技术要求，耙后地表应平坦，在 10 米×10 米范围内，地表高低差不应超过 100 毫米。在不平的地面上播种，会使种子播深不一致，出苗不整齐。

(一) 耙后地面不平的原因

(1) 耙架变形或安装不正确，各耙组耙片入土深度和倾角不一致。

(2) 作业方法和运行方向选择不当。

(3) 犁耕作业时开闭垄多且过大。

(二) 排除方法

(1) 圆盘耙组必须达到良好的技术状态才能进行作业。PY-3.4 双列圆盘耙组安装时，前列两组耙片的凸面应向里，方轴的大头在耙列的中间，螺扣端朝外，而后列两组耙片的凸面应向外，螺扣一端朝里。左后列耙组为 11 个耙片，与角度调节器连接的两个后中心拉杆的钩子，要挂在后列耙组轴承的耳环上，其中长的一根拉杆要与右列耙组相连接。

(2) 作业中要注意调节加重箱（或盘）上的负重和耙组倾角，确保所有耙片入土深浅一致。

(3) 提倡复式作业，根据不同作业要求，可在耙的后面配置不同形式的平土耢子。

(4) 根据土地的实际情况，选择相应的耙法和机组运行路线。

第六章

谷物收割机械的使用规范与故障维修

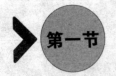

第一节 麦类作物收割机具的使用与维修

一、收割台作业时常见故障及维修

收割台作业时常见的故障有：被割作物堆积于台前，被割作物向前倾倒，被割作物在割台搅龙上架空喂入不畅等。

（一）收割台前堆积作物的原因及排除方法

（1）茎秆太短，拨禾轮位置太高且太偏前。此时应尽可能降低拨禾轮高度（以不碰切割器为原则）和尽可能后移（以弹齿不碰搅龙为原则）。

（2）拨禾轮转速太慢，机器前进速度太快。应合理调整拨禾轮的转速和收割机前进速度，使拨禾轮运动特性系数（λ）在$1.5 \sim 1.7$。

（3）被收割作物矮而稀。此时应适当提高机器收割的速度，与此同时，尽可能降低割台高度、拨禾轮高度和拨禾轮后移等进行综合调整。

（二）被割作物向前倾倒的原因及排除方法

（1）机器前进速度偏快，拨禾轮转速偏低。此时应适当降低机器前进速度和适当提高拨禾轮转速，一定要保证两者的速度关系 $\lambda = 1.5 \sim 1.7$ 为宜。

（2）切割器壅土堵塞。应首先清理壅土，然后查找壅土原因加以排除。另外在操作上，驾驶员应集中精力，注意观察前方地表情况和提高割台的高度，以免割台太低造成切割器壅土，降低切割效果。

（3）动刀片切割往复速度太低。调整前应查明切割往复速度太慢的原因。首先调整驱动皮带的松紧度，如果仍无效果，应检查皮带轮直径是否正确。

（三）作物在割台搅龙上架空喂入不畅的原因及排除方法

（1）收割机前进速度偏快。其调整方法是根据作物长势适当掌握收割速度。

（2）搅龙拨齿伸缩位置调整不正确。正确状态应当是拨齿在搅龙筒体的前下方伸出最长，有利于将收割下的茎秆喂入搅龙，而在搅龙筒体靠近倾斜输送器入口处缩进，既有利于喂入输送器，又可避免茎秆反带。

（3）拨禾轮位置偏前（离搅龙太远）。其调整方法是适当后移拨禾轮，要注意拨禾轮压板（或弹齿）与搅龙拨齿间的距离最小不得小于15毫米。

二、切割器刀片、护刃器及刀杆损坏的原因及维修

（一）切割器、护刃器损坏原因及排除方法

（1）硬物（石块、木棒等）进入切割器，打碎刀片及护刃器。其排除方法是：清除硬物，更换损坏的刀片及护刃器。

（2）护刃器变形。其排除方法是：校正或更换新件。

（3）定刀片高低不一致。其排除方法是：按技术要求重新调整，保证所有定刀片在同一平面上，其偏差不应超过 0.5 毫米。

（4）定刀片铆钉松动。其排除方法是：重新铆接定刀片。

（二）刀杆（刀头）折断的原因及排除方法

（1）割刀阻力大（如护刃器不平、刀片断裂、压刃器无间隙及塞草等）。其调整方法是：调整护刃器，使所有护刃器及定刀片在同一平面上，其偏差在 0.5 毫米以内。压刃器与动刀片间隙最大不应超过 0.5 毫米。断裂刀片应更换。

（2）割刀驱动机构安装调整不正确或松动，应重新调整驱动机构，使割刀在极限位置时，动、定刀片中心线重合。对松动部位重新紧固。

三、拨禾轮常见故障及维修

作业中拨禾轮较常见故障为：拨禾轮打落籽粒太多、拨禾轮缠草、拨禾轮翻草等。

（一）拨禾轮打落籽粒太多的原因及排除方法

1. 拨禾轮转速太高　其调整方法是：降低拨禾轮转速。拨禾轮转速应随收割机作业的前进速度的变化而变化，正常情况下，拨禾轮运动特性系数 $\lambda = \dfrac{V_{拨}}{V_{机}}$，该值在 1.5 ~ 1.7 较为理想。

2. 拨禾轮位置偏前　其调整方法是：适当后移拨禾轮。

3. 拨禾轮太高打击穗头　其调整方法是：降低拨禾轮高度。正常情况下，拨禾轮拨禾时，压板（或弹齿）应扶持在株高的 2/3 处为宜。

（二）拨禾轮缠草的原因及排除方法

1. 作物长势蓬乱。

2. 茎秆过高、过湿、杂草较多　遇此情况应灵活掌握拨禾轮的高度，尽可能用弹齿挑起扶持切割，一旦出现缠草应立即清除，以免越缠越多，增加割台损失和机件损坏。

3. 拨禾轮偏低　应适当调高。

（三）拨禾轮翻草的原因及排除方法

1. 拨禾轮位置太低　拨禾弹齿不是拨在株高的2/3处，而是向下拨在株高2/3以下的部位。被割下的禾秆容易挂在拨禾弹齿轴上被甩出割台或缠在弹齿轴上。此时应调高拨禾轮，使弹齿拨打在禾秆2/3高处即可排除翻草现象。

2. 拨禾轮弹齿后倾角偏大　调整时，应根据作物的自然状况，合理调整弹齿倾角。正常情况下，弹齿应垂直向下，只有出现倒伏时才适当调整弹齿倾角。

3. 拨禾轮位置偏后　正常情况拨禾轮轴应位于割刀前端的铅垂面上。只有在收割倒伏或特矮秆作物时，才可以适当后移。

四、割刀木连杆折断的原因及维修

（一）木连杆折断的原因

（1）割刀阻力太大（如塞草，护刃器不平，刀片断裂、变形，压刀器无间隙等）。

（2）割刀驱动机构轴承间隙太大。

（3）木连杆固定螺钉松动。

（4）木材质地不好。

（二）故障排除方法

（1）为减小割刀的切割阻力，检修过程中，对切割器装配时，应按技术要求认真安装调整，保证所有护刃器尖在同一水平面内，偏差不大于 3 毫米，且不得弯曲、变形；活动刀片和固定刀片的铆合应牢固，并保持完整锋利；活动刀片与定刀片间隙前端小于 0.3 毫米，后端应为 0.5~1.0 毫米；压力器间隙不大于 0.5 毫米，也不能没有间隙；发现割刀堵塞应立即排除，排除时应先查明造成堵塞的原因。

（2）按要求合理调整割刀驱动机构轴承间隙。

（3）注意检查木连杆固定螺钉。

（4）木连杆材质应选用硬杂木和橡木（也叫柞木）、水曲柳等，这些木料既有硬度又有韧性，要求其纹理为顺纹，无节疤。

第二节 玉米收割机的使用与维修

一、玉米收割机作业时果穗掉地的原因及维修

玉米收割机或割台收割过的地面上常有掉穗、断秸秆带穗等现象。

（一）果穗掉地的原因

（1）分禾器调整太高，倒伏和受虫害植株未扶起就被拉断。

（2）收割机行走速度太快，未来得及摘穗就被拉断；或机器行走速度太慢，夹挡链的速度快，将茎秆向喂入的方向拉断。

（3）行距不对或牵引（行走）不对行。

（4）玉米割台的挡穗板调节不当或损坏。

（5）植株倒伏严重，当扶倒器拉扯扶起时，茎秆被拉断，果穗掉地。

（6）收割滞后，玉米秸秆枯干，稍有碰动即可掉穗。

（7）输送器高度调整不当，不适应接穗车厢高度要求等。

（二）排除方法

（1）合理调整分禾器、扶倒器，使其满足作业要求。

（2）根据作业中掉穗情况，合理掌握机组作业速度。如被分禾器和扶倒器弄掉穗时，应适当放慢前进速度；

当果穗在摘取或刚摘下即掉穗时，则应适当增加前进速度，确保果穗不掉地。

（3）正确调整牵引梁的位置。牵引方梁与牵引框有三个固定位置，作业状态时，应将牵引梁调离扶倒器一边（图6-1），使牵引机车离开未摘穗的垄行；如果地块较湿，行走装置下陷较深，出现打横现象时，可将牵引梁调至中间位置；如果在运输状态时，可将牵引梁调至靠近扶倒器一边，使机组运输的总宽度不大于收割机结构宽度。

（4）根据作业时实际情况，合理调整挡穗板的高度。

（5）作业中，应根据接穗车厢的高度，合理调整输送器的高度，保证果穗送至车厢内。

（6）尽量做到适期收割。

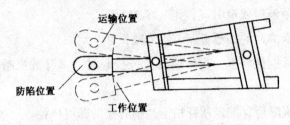

图6-1　牵引板的调整位置

二、摘穗辊（板）脱粒咬穗的原因及维修

在摘穗辊上脱粒或咬穗会造成不可挽回的损失，应随时认真观察检查，一旦发现问题应查明原因及时排除。

（1）摘穗辊和摘穗板的间隙太大，使果穗大端进入摘穗辊受啃而脱粒，或果穗大端挤于摘穗板之间，又被拨禾链拨齿拨撞而脱粒。对此应当缩小摘穗辊、板间隙。

（2）玉米果穗倒挂（下垂）较多，摘穗辊、板间隙大，就更易咬穗和脱粒，造成果穗破碎加大损失。作业中如遇此情况，更应特别注意调整摘穗辊、板间隙。

（3）玉米果穗湿度太大（含水率在27%以上），摘穗时不仅易伤果穗，还容易造成籽粒破碎。对此，应适当掌握收获期。

（4）玉米果穗大小不一或成熟不同。这种情况一般由种子不纯或施肥不均造成。对此应注意选择良种和合理施肥。

（5）拉茎辊和摘穗辊的速度快，而果穗又干燥，则易造成果穗大端和摘穗板、摘穗辊相撞脱粒。这时应降低拉茎辊和摘穗辊的工作速度。

三、漏摘果穗的原因及维修

（一）玉米收割机漏摘果穗的原因

（1）玉米播种行距与玉米收割机结构行距不相适应。

（2）分禾板和扶倒器变形或安装位置不当。

（3）夹持链条技术状态不良或张紧度不适宜。

（4）摘穗辊轴螺旋筋纹和摘钩磨损。

（5）摘穗辊安装或间隙调整不当。

（6）摘穗辊转速与机组作业速度不相适应。

（7）收割机割台高度调节不当。

（8）机组作业路线未沿玉米播向垄行正直运行。

（9）玉米果穗结实、位置过低或下垂等。

（二）排除方法

（1）播种时的行距应与玉米收割机的行距一致。

（2）认真检修机具，使分禾器、扶倒器、夹持链条和摘穗装置的作用确切可靠。一般情况下，摘穗辊不得随意拆卸，必须拆卸时，拆前须在摘穗辊上打记号，安装时不得串换位置，以免破坏摘穗辊表面上条棱和螺旋筋原装配关系（应相互错开，不得相碰）。

（3）正确调整分禾板位置，避免行走轮压倒玉米植株。

（4）正确调整拨禾链条的张紧度，其链条张紧度和链条位移尺寸是：短内和长内拨禾链为 15～25 毫米；外拨禾链为 20～30 毫米。

（5）合理调整扶倒器离地高度。在玉米倒伏严重时，允许扶倒器尖触及地面，但不得插入土中，以免造成损坏。在玉米倒伏不严重的情况下，一般将扶倒器尖端调至距垄沟底面 10 厘米左右为宜。

（6）合理调整摘穗辊的工作间隙，两辊轮的正常间隙调整范围为 6~13 毫米。为便于检查调整，可直接测量上下辊圆柱体之间的间隙，其调整范围为 13~20 毫米。调整方法是转动调节手柄，顺时针转动间隙增大，反之间隙减小。为防止摘穗辊在工作中发生堵塞，摘穗辊的间隙还可以自行调大到 10~15 毫米。

（7）合理掌握作业速度，速度过慢或过快都不利于摘穗作业。在土地湿度大、植株倒伏较多、产量较高时，应以 3~4 挡作业为宜（东方红–75/54 拖拉机）。如果条件理想，摘穗顺利，也可用 5 挡作业。

（8）合理调整摘穗机整体工作高度，摘穗辊尽可能放低一些，一般情况下，以摘穗辊尖端距离垄台高度 5~10 厘米为宜。地头转弯时，必须升高，以免碰坏扶倒器。

四、剥皮不净的原因及维修

在使用设有剥皮装置的玉米摘穗机作业时，摘掉的果穗经过剥皮装置后，仍有较多果皮未被剥掉，不仅浪费了机械作业工时，也给晒场脱粒和贮放造成困难。

（一）剥皮不净的原因

（1）剥皮装置技术状态不良。

（2）剥皮辊的安装和调整不当。

（3）剥皮装置的转动部件转速过低。

（4）压制器调整不当。

（5）玉米果穗包皮过紧等。

（二）排除方法

（1）作业前，认真检查玉米摘穗机，确保剥皮装置技术性能良好，转动自如，转速正常，工作可靠。在东方红–75型拖拉机动力输出轴额定转速为577转/分时，其剥皮装置的压制送器轴转速必须保持在90转/分。

（2）剥皮辊必须拆卸检修时，拆卸前，应按其位置成对地打上记号。安装时，要使每对剥皮辊的螺旋筋相互对应，不得错开，钉齿不得相碰。钉齿高度在剥皮辊前段为1.5毫米，中段为1.0毫米，后段为0.5毫米。上下辊之间在全长范围内不允许有间隙，弹簧调整不宜过紧，其高度不应小于41毫米。

（3）作业中，应根据剥皮装置的工作情况，及时地对压制器进行调整。调整压制器的高度，可以增大或减小四叶轮对果穗的压力，以利改善剥皮效果。压制器叶片与剥皮辊之间的间隙是以果穗直径的大小而定的，一般情况下以20毫米为宜。

五、拔秸秆的原因及维修

4YW–2型玉米收割机和玉米割台常有将茎秆拔出而丢失果穗的现象。

（一） 拔秸秆的原因

（1）拨禾链的速度太快并触及玉米植株的根部，当土地松软时，易拔掉茎秆。

（2）摘穗板间隙小或摘穗辊、拉茎辊间隙太小或摘穗辊、拉茎辊转速太慢，而收割机组的前进速度太快，因此就拔出了茎秆。

（3）作物倒伏，而分禾器又调得高。

（二） 排除方法

应针对上述情况，分别采取以下措施。

（1）适当提高割台高度，避免拨禾链触及植株根部。合理掌握拨禾链的速度，将拨禾链的速度和机组前进速度有机地结合起来，以免拔秸。

（2）根据作业的实际情况，合理调整摘穗板间隙和摘穗辊、拉茎辊间隙；合理调整摘穗辊、拉茎辊转速和机组前进速度。

（3）收割倒伏玉米时，应根据土地状况和倒伏程度，合理调整分禾器和扶倒器的高度。收割倒伏严重的玉米，允许扶倒器尖触及地面，但不得插入土中，为增强扶倒效果并防止损坏扶倒器，应尽量放低摘穗装置和调高扶倒器位置，减小与地面的夹角，使扶倒器有自然的浮动状态。倒伏不严重时，一般将扶倒器尖端调至距离垄沟底面 10 厘米左右为宜。

第三节　割晒、拾禾作业使用与维修

一、割晒作业时漏割的原因及预防措施

（一）产生漏割的原因

（1）割区区划不当或地形不规整，作业时易出现剩边、丢角、"留胡子"现象。

（2）割晒机切割装置技术状态不良或堵塞拖堆。

（3）机组进、出割区时，操作不当，拐弯过早。

（4）机组运行直线性不好，割幅出现贪生现象，紧靠已割侧产生漏割。

（5）作物倒伏。

（二）预防措施

（1）根据地形正确划分作业区，其宽度应是割晒机作业幅宽的整数倍。割区两端宽度应相等，对不适于割晒机组作业的边、角，应用人工或其他小型收割机收割。

（2）搞好割晒机的检修，尤其是切割装置的安装调整，确保技术状态良好，避免割刀堵塞。

（3）规范操作机组进、出割区，地头转弯宁晚不早。

（4）在作业中，驾驶员要集中精力，保证机组在直线上运行，割幅要在宁贪熟不贪生的基础上进行控制（实际割幅应该比割台的设计割幅要小），坚决避免漏割。

（5）加强对田间的管理，施肥要合理，避免出现作物倒伏现象。严禁人、畜等在作物生长期间进入田间踏压，使庄稼造成人为倒伏。

二、割晒作业铺形不标准的原因及解决办法

不符合技术要求的割晒作业铺形，如果禾铺太宽，在拾禾脱粒时，容易漏拾颗粒，增大损失；如果禾铺过窄，铺厚增加，晾晒有困难，拾禾脱粒会被推迟，如果遇到大雨，容易有塌铺现象出现；禾铺太薄，使作物得不到充分的后熟，造成千粒重下降，降低产量，所以在割晒作业时一定要保证具有良好的铺形。在没有增加任何物资投入的情况下，良好的铺形，具有提高工效、提高粮食品质、减少损失、增加产量的积极作用。

（一）造成铺形不当的原因

（1）未根据作物的密度、长势、产量等实际情况，对割幅宽度进行合理的调整，导致出现过大或过小的割幅。

（2）割晒机放铺装置没有进行适当的调整，没有协调好放铺角度、宽度、厚度三者的关系。

（3）机组割幅不直，导致出现忽宽忽窄的割幅。

（二）解决办法

（1）割前要做好田间调查工作，确定割晒作业的幅宽要根据作

物生长的密度、高度、产量和杂草的多少，以及日后进行拾禾脱粒的机型，喂入量大小进行。对禾铺的角度、宽度和厚度要进行严格的控制。

（2）作业开始时，放铺装置的调整要在最短的割段内完成（如缓冲滑板、反射挡板、拨禾转向杆等），确定所需的放铺角度、宽度和厚度。在正常情况下，铺形理想，晾晒 3~4 天就可以拾禾脱粒。

三、割晒作业铺形放不直的原因及解决办法

割晒作业在往复行程中，如果出现不直的现象，不但会直接影响到割晒作业的质量（割幅忽大忽小、漏割等），而且对日后的拾禾脱粒作业质量也有影响，会出现掉穗、漏拾现象，使损失增加。

（一）产生铺形放不直的原因

（1）没有正确划分割晒区、割道，没有割直。

（2）驾驶员没有集中精力、技术水平差，机组不能在直线上运行。

（3）田间有过多障碍物，绕行次数多。

（4）机组在进、出割区时，过早拐弯等。

（二）解决办法

（1）作业前，割区应正确划分，一般要用绕行割法，优秀的驾驶员进行打割道，割道要笔直不能有弯，要有 9~12 米的边道，要有宽 5~6 米的绕行道。

（2）把拖拉机开得笔直平稳，是驾驶员的基本功，在平时要加强训练。进行割晒作业时，驾驶员应集中精力，把车开得笔直、平

稳，使割幅一致，为日后的拾禾脱粒打下好的基础。

（3）割晒机组进、出割区时，必须等机组驶出割区后再进行转弯。

四、割晒作业断铺、堆积的原因及解决办法

在进行割晒作业时，由于各种原因常会出现禾铺稀稀拉拉、不连续和未衔接成整条禾铺的现象。不但会对割晒作业质量造成不利影响，也会对日后的拾禾脱粒造成不利影响，增加损失浪费。

（一）造成这种现象的原因

（1）割晒机的输送、切割和放铺装置没有良好的技术状态或没有进行适当的调整。

（2）输送带打滑（时转时停）或不转动。

（3）拨禾轮转速和安装位置不当。

（4）拖拉机动力输出离合器作用失常，时合时离。

（5）放铺装置或机构失灵，作物出口输出不畅或发生堵塞。

（6）作物播种时出现断续漏播等。

（7）割晒行程中间停车次数过多。

（二）解决办法

（1）作业前，对收割机进行认真检修，使其在投入割晒作业时有良好的技术状态。避免因作业中出现故障而对作业质量造成影响。

（2）把拨禾轮转速及垂直、水平位置调整好。

（3）输送带的张紧度在作业中应经常检查、调整，把输送带传动轴上的缠草及时清除掉，防止输送带打滑。

（4）要对放铺挡板的开度和滑板的倾角和拨禾杆的位置随时进行调整，特别是在割晒茎秆高大和产量高的作物时，更加应该注意对以上部位进行调整。

（5）挡位在进入割区前就应该选好，以进行恒速作业，割晒行程中尽量不要变换挡位或者随意停车，把油门固定在额定的转速内。

（6）对拖拉机的动力输出离合器进行认真检修和维护，确保其具有良好的状态。

（7）在割晒机组运行到地头出垄时，要及时切断动力传递，保证地头的放铺整齐，切记在地头拐弯地带不要放置作物。

五、割晒作业行走装置压铺的原因及预防措施

拖拉机和割晒机的行走装置将割晒机组放铺后的作物碾压而倒塌触地，造成掉穗的损失。遇雨后触地的穗容易发芽、霉烂，并对日后拾禾脱粒造成不良影响。

（一）产生这种现象的原因

（1）割晒机组行走轮轮距比割幅宽度大。

（2）机组在进、出割区时，过早拐弯。

（3）机组或拖拉机在已割区内随意横越。

（4）割道上的禾铺没有经过清理就开始正式作业。

（二）预防措施

（1）割晒和拾禾脱粒机组的轮距在确定割晒幅宽时，必须要考虑到，不要使行走装置碾压到禾铺。

（2）驾驶员在作业时应集中精力，操作技术水平要加以提高，

使机组能够笔直行走、稳定作业速度，割晒机在出堑之后再进行拐弯，以防止碾压到禾铺。

（3）在进入割晒区前，应该把割道上所有作物都拾干净，清理之前，不应该进行作业。

六、因割晒作业而造成粒重降低的原因及预防措施

一般情况下，分段收割（即割晒、拾禾脱粒）籽粒千粒重和发芽率（生命力）都应比一般的直接收割要好。

（一）割晒后的千粒重低于正常直割，造成减产的原因

（1）割晒时期偏早。

（2）禾铺晾晒不充分，过早勉强进行拾禾脱粒，籽粒未全部完成后熟作用，造成千粒重下降。

（3）禾铺遇雨后，穗头发芽生霉等。

（4）禾铺太薄，天气晴朗干燥，茎秆晒干时间短，籽粒没有得到充分的后熟作用，使千粒重下降。

（二）预防措施

（1）小麦的割晒适割期要严格掌握。蜡熟中期至蜡熟末期是最佳的割晒期。此时进行割晒，籽粒具有较强的生命力、千粒重高。

（2）真正掌握好各不同品种的麦类作物后熟作用周期，掌握好拾禾脱粒作业的最好时机。一般情况下，在乳熟末期割晒的小麦要进行5~6天的晾晒，在蜡熟期割晒的小麦要有2~4天的晾晒时间。根据这一农业日历，就可以按照本单位的拾禾脱粒的机械能力，对割晒面积进行科学的安排。有机结合割晒和拾禾脱粒，真正起到既

抢了农时，减少了自然灾害的侵袭，又能使粮食产量提高、粮食品质得到保证的分段收割的积极作用。

七、割茬高度不符合技术要求的原因及预防措施

（一）产生原因

（1）机组作业人员不能充分认识割茬高度与作业质量好坏的重要性，不能集中精力，操作随意。

（2）来不及调整运行速度过快的机组。

（3）机组运行方向不恰当。

（4）地面不平整或者是坡度较大，割晒机有太大的震动。

（二）预防措施

（1）对割晒机进行认真的检查、保养和调整，保持其良好的技术状态，使切割完善利落，升降准确、可靠、灵活。

（2）不应该有过快的割晒作业速度，应使作业速度保持稳定，不应在作业过程中变换挡位。

（3）增强机组人员对严格掌握割茬高度重要性的认识，割茬高度应严格掌握在18~20厘米，过低过高对晾晒都不适宜。

（4）割晒机组的运行与播种的方向应该一致。

八、割晒放铺穗头混乱的原因及解决办法

放铺穗头混乱会对作物茎秆晾晒和籽粒后熟造成影响，遇到雨天容易霉穗发芽。在拾禾作业时也会造成掉穗、掉粒、捡拾不净等

损失。

（一）造成放铺穗头混乱的原因

（1）割晒机选型调整不当。

（2）割晒作业时刮大风等。

（3）牵引车操作不当，用油门控制作业速度，动力输出轴转速不能保持稳定的额定转速。

（4）拨禾轮转速过快或位置调整不当，拨禾压板将已割下的作物打乱。

（5）割刀堵塞。

（6）输送带的线速度与机组前进速度调整不当。

（7）放铺装置调整不当。

（8）作物倒伏或杂草过高过多。

（二）解决办法

（1）在作业前，应该根据作物和拾禾方法，以及地块等方面的情况，对晒割机进行正确的选择和运用，前进 4.6 型割晒机在增设拨禾转向杆和正确调整放铺机构的基础上，可以完成较好的扇形铺放。输送带把作物穗头抛出后，能宽而薄、平顺而均匀地铺放在割茬上，确保割茬能够直立支撑禾铺，不容易在遇雨后塌铺。

（2）可以把大输送带线速度降到小输送带速度，以使前进 4.6 型割晒机放铺更加理想。调整方法是：将大输送带线速度由原来的 2.6 米/秒降为 1.8 米/秒，传动齿轮由 16 齿改为 21 齿。除此之外，还应将大输送带的主动轴移向右方，使之与小输送带轴重叠。

（3）在割晒作业过程中，放铺质量要随时进行检查，割晒机的放铺机构要及时调整。调整前进 4.6 割晒机的拨禾转向杆的位置及

割晒机缓冲滑板的倾角大小，反射挡板开度的大小等，确保割后禾铺穗头达到整齐、铺形合适的要求。

（4）前进4.6型割晒机较为合适的割幅一般在3.0~3.5米。割幅的宽窄应根据产量和放铺宽度、作物长势、厚度的要求，进行合理的调整。如果作物长势好、密度大、产量高，要保证100厘米左右、厚度10~20厘米的放铺宽度，其割幅应该适当窄些，反之亦然。

（5）拨禾轮前后位置，正常情况下，拨禾轮轴应在割刀的垂直面内；割晒机拨禾轮速比λ=1.5~1.7。拨禾轮高度应保证拨禾压板或弹齿拨打在茎秆高度的2/3部位。

（6）割晒作业中机组速度应相对稳定，原则上在割晒行程不变换挡位。靠挡位控制前进的速度，而不是用油门控制，无论几挡，都应该将油门固定在额定的转速位置。

（7）切割器的工作状态要注意，防止堵塞、拖堆，给割晒质量带来影响。

（8）五级以上大风天气不适合进行割晒作业。

第四节 秸秆还田机

一、秸秆还田机的分类

秸秆还田机与拖拉机配套，可以就地粉碎已摘除果穗后直立在田间的玉米秸秆、高粱秸秆、麦秸、豆秸以及杂草，并将其均匀地撒在地表。

根据配套动力进行分类：有与联合收割机配套的秸秆粉碎抛撒器；有与拖拉机配套的独立型秸秆还田机；有与玉米收割机配套的秸秆粉碎器，用于粉碎摘穗后直立在田间的秸秆，并抛撒到田间；还有与谷物联合收割机配套的秸秆粉碎器，可以将收割机抛出的茎秆切碎，并可以在田间均匀地散布。

根据能完成的作业项目进行分类：有既能旋耕灭茬，又能粉碎稻草还田的秸秆还田旋耕机；也有只可以进行单项作业的秸秆还田机。

根据结构可将其分为卧式和立式两类。

二、做好作业前的准备工作

（1）在使用之前要把使用说明书认真阅读一遍，掌握秸秆还田机安全操作要领，熟悉其技术性能。

（2）检查万向节是否正确安装，若是万向节被错误地安装，会加剧还田机的震动，产生响声，并且造成机件损坏。

（3）检查各部是否被牢固地固定住，检查各转动部位的灵活性，有没有碰撞现象。

（4）检查齿轮箱机油的油位是否达到标准，各轴承部位的黄油有没有注足。

（5）检查还田机横向、纵向水平程度和留茬高度，并对其进行调整。

（6）检查有没有对地轮进行与土壤干湿度、坚实度、作物种植形式及地表平整状况相适宜的调整。

（7）检查三角皮带的松紧是否适度，用手压10千克力，带体下沉5毫米最为合适。

（8）在作业中应随时进行检查，防止刀轴转速降低，对粉碎质量造成影响并且加剧三角带的磨损。

（9）检查完毕后（禁止有人站在机后），应进行5~10分钟的空负荷运转，检查有没有异常现象，如有强烈震动、摩擦、碰撞等现象，要在准备作业前确认各部件运转是否正常。

（10）查看有无障碍物在待作业地块上，如石块、树根等，应明显标记不能移动的障碍物，应均匀散开堆放的作物秸秆，使作业质量有保证。

三、机组的使用及注意事项

（1）机组进地以后，应该对拖拉机的悬挂杆件进行调整，保持粉碎机的前后、左右水平。限深轮的高度要合理调整，留茬高度要保持适当。刀片严禁入土，防止负荷过大，造成部件损坏。

（2）作业速度应根据作物的长势、密度、土壤含水率和坚实度进行不同的调整。

（3）动力输出轴在挂接时，要空负荷低速；等发动机加速到达额定转速后，才能使机组慢慢起步进行负荷作业。带负荷启动粉碎机和机组起步过猛现象要杜绝，以防止机件损坏。

（4）动力输出轴在接合的情况下，粉碎机不能过高过快地提升。在机组转移地块时，应该把动力切断。

（5）作业时，禁止带负荷转弯和倒退。

（6）如果在田间遇到较大的沟埂，要把粉碎机及时提升。

（7）在作业中有异常声响，应该立刻停下车进行检查，排除故障后才能继续作业。

（8）传动皮带的张紧度要随时进行观察，如果发现过松，应该及时进行调整。

（9）必须在停机并切断动力后进行检查调整、缠草清除和故障排除。

（10）作业时，禁止人靠近机组和人跟在机组后面，以确保人身安全。

四、机组作业的操作要点

（1）作业前，应该先将还田机提升到锤爪离地面 20~25 厘米的高度，接合动力输出轴，进行 1~2 分钟的转动，挂上作业挡，把离合器踏板缓慢放松，同时对液压升降调节手柄进行操作，使还田机逐步降到所需要的留茬高度，随之把油门加大投入正常作业。

（2）作业时，锤爪或弯刀、甩刀禁止入土。防止扭矩无限增加而引起机具的损坏。作业时应把缠草及时清除，避开土埂及其他障碍物，应该在地头留有 3~5 米机组回转地带。

（3）应先提升机具再进行转弯或倒退，提升位置不应过高，防止万向节倾角过大引起机件损坏，转弯或倒退后才可以降落工作。转移地块或在路上行走时拖拉机的后输出动力必须切断。

（4）如果在作业时有异常响声出现，应该立刻停车检查，排除故障后才能继续作业。

（5）作业操作时应注意以下几个方面。

①每班作业前必须检查各连接螺栓、螺母和刀具销轴连接是否牢固。

②还田机作业时刀具禁止打土。

③禁止带负荷启动还田机。

④禁止带负荷转弯或倒退。

⑤还田机运转时机后严禁站人或跟踪。

⑥严禁在还田机运转时检查、保养和排除故障。

⑦严禁在还田机运转时猛提、猛放升降装置。

五、常见故障及维修

秸秆还田机的常见故障及排除方法，见表 6-1。

表 6-1　秸秆还田机的常用故障及排除方法

故障现象	故障原因	排除方法
传动皮带磨损严重	张紧度不当	调整
	皮带长度不一	更换
	负荷过重或刀片打土	改为低一挡速度作业，加大留茬高度

故障现象	故障原因	排除方法
粉碎质量太差	传动皮带过松	调整
	刀片短缺或磨损	补充或更换
	前进速度过快	减速
	负荷过重	减少粉碎行数、降低前进速度
	装反刀片	重新安装
机器震动强烈	刀片脱落	补充刀片
	紧固螺栓松动	紧固
	万向节叉方向装错	正确安装
	轴承损坏	更换
万向节损坏	缺油	加注润滑脂
	万向节装错	重新安装
	倾角过大	提升不要太高，调整限位链
	降落过猛	缓慢下降
喂入口堵塞	作物过密	减少粉碎行数
	前进速度太快	减速
万向节传动轴折断	传动系统卡死	排除故障，更换新轴
	突然超负荷	减轻负荷